如何高效向GPT提问

任康磊◎著

人民邮电出版社

北 京

图书在版编目（ＣＩＰ）数据

如何高效向GPT提问 / 任康磊著. -- 北京 ：人民邮
电出版社，2023.7
　　ISBN 978-7-115-61838-2

　　Ⅰ．①如… Ⅱ．①任… Ⅲ．①人工智能 Ⅳ.
①TP18

中国国家版本馆CIP数据核字(2023)第099345号

- ◆ 著　　　任康磊
　　责任编辑　徐竞然
　　责任印制　周昇亮
- ◆ 人民邮电出版社出版发行　　北京市丰台区成寿寺路 11 号
　　邮编　100164　电子邮件　315@ptpress.com.cn
　　网址　https://www.ptpress.com.cn
　　天津千鹤文化传播有限公司印刷
- ◆ 开本：880×1230　1/32
　　印张：6.375　　　　　　　　　2023 年 7 月第 1 版
　　字数：136 千字　　　　　　　2025 年 2 月天津第 16 次印刷

定价：49.80 元

读者服务热线：**(010)81055296** 印装质量热线：**(010)81055316**
反盗版热线：**(010)81055315**

前言

人工智能正以前所未有的速度改变着世界。

GPT（Generative Pre-trained Transformer，生成式预训练变换模型）作为强大的人工智能语言模型，具有广泛的应用场景，必将改变人类的生产与生活方式，提高人类的工作效率和生产力水平，为人类社会带来巨大且深远的影响。

1. 未来，学习和使用 GPT 是必选项

想象计算器刚出现的时候，张三在用算盘计算，而李四在用计算器计算；想象计算机刚出现的时候，张三在手写记录，而李四在用键盘快速打字记录……谁的选择更适应社会的发展不言而喻。

就像当年 Office 软件的出现，改变了人类的办公方式，如今使用 Office 软件已经成为所有知识型岗位的必选项。在人工智能技术日益普及的今天，掌握与 GPT 高效交互的方法在一定程度上已经变成一个必选项。

2. 要么学会用 GPT，要么接受"被淘汰"

GPT 的出现无疑将显著改变人类的生产方式，我们将面临日益增加的竞争压力。如果不能跟上时代的步伐，我们很可能会被具备这项能力的人淘汰。是的，事情的关键不是人工智能技术替代人类，

而是掌握了相关能力的那部分人将在竞争中更有优势。

在这个信息爆炸的时代，我们需要掌握与 GPT 进行高效交互的方法，需要懂得如何全面、正确、有效地向 GPT 提出需求或问题，需要有效利用 GPT 输出价值，以便在工作、学习和生活中实现个人价值的最大化。

3. GPT 将带来新的机遇

任何一个深刻影响或改变人们工作和生活方式的事物出现后，都将带来一些新的机会。电子商务的出现催生了一大批线上商店；自媒体的出现催生了一大批自由职业者；而刚出现不久的 GPT，必将为很多人带来新的发展机遇或职业机会。

想象一下，如果能够熟练使用 GPT 这种强大的工具，我们无论在学习成长、满足工作需求，还是解决生活问题方面都能事半功倍，也将迎来不一样的人生境遇。

但也有人觉得，GPT 出现后，很多需求或问题都可以借助 GPT 满足或解决。工作和生活似乎已经开启了简单模式，实际上并不是这样的。使用 GPT 虽然几乎没有门槛，但高效使用 GPT 却是有门槛的。

这就好像世界上出现了一台可以自动做出任何食物的机器。如果我们只会对它说："我饿了，给我做吃的。"它虽然能为我们提供一份能果腹的食物，但那很可能并不是我们心仪的美味，这是因为我们在提出需求时没有对食材、口味等进行详细要求。

其实，向 GPT 或类似的 AIGC（Artificial Intelligence Generated Content，生成式人工智能）工具提出准确的需求或问题，并没有看起来那么简单。

与 GPT 交互看起来只需要简单地提出需求，但实际上我们每次与 GPT 对话，都是向 GPT 输入了一段指令代码，只不过这段代码不是专业编程代码，而是自然语言指令（Natural Language Prompt）。

如果我们希望 GPT 为新产品撰写一篇引人入胜的广告文案，然而我们只是简单地对 GPT 说"请帮我写一篇广告文案"，无法让 GPT 了解这篇广告文案针对的产品的关键信息，GPT 就很可能生成一篇平淡无奇的文案，甚至有可能是放之四海皆准的套话，难以吸引潜在客户的注意力。

泛泛的提问，必然带来泛泛的回答。

而如果我们能够向 GPT 提供足够详细的背景资料，如产品特性、市场定位、受众画像、期望传达的信息等，GPT 则能为我们生成一篇具有吸引力的广告文案，从而产生较好的营销效果。

显然，只有真正理解并掌握与 GPT 交互的技巧，才能让 GPT 成为我们在工作、学习和生活中的得力助手。要让 GPT 真正发挥价值，我们需要全面、正确、有效地向 GPT 提出需求或问题。

假如能够有效地利用 GPT，我们必将在提升生产效率、节省工作时间、提高学习效率、解决生活难题方面取得质的突破。这也是本书存在的价值和意义。

任康磊

目录

第8章 GPT 协助视频创作 ············· 159

第9章 GPT 成为生活工作智囊 ············· 179

第 1 章
GPT 的原理和应用

　　GPT 模型的基本原理是利用大量的文本语料库进行预训练，以学习语言的统计规律和语义特征。然后，可以在此基础上进行微调，使模型适应特定的自然语言处理任务，例如文本分类、命名实体识别、语言生成等。GPT 模型的应用范围非常广泛，可以用于生成文本摘要、问答系统、自动作文、机器翻译、自动对话系统等。在自然语言处理领域，GPT 模型的出现为文本自动生成、语言理解和人机交互等问题提供了重要的解决方案，为各种领域的应用提供了新的可能。

1.1 工作原理：GPT 是如何运转的

GPT 是一种先进的人工智能语言模型，利用大规模数据进行预训练，可以用于各种自然语言处理（Natural Language Processing，NLP）任务，如文本生成、机器翻译和问答等。

在训练过程中，GPT 通过大量的文本数据进行预训练，学习丰富的语言知识和概念，然后通过微调的方式，适应特定的任务或领域。这使得 GPT 拥有强大的生成能力和理解能力。

我们来看一个实际的例子。

假设我们向 GPT 提出一个问题"光合作用是什么？"，GPT 会从大量的预训练文本中寻找与"光合作用"相关的信息。

在模型中，每个词语都有一个向量表示，这些向量表示会随着模型的训练不断更新，以表达词语之间的关系。GPT 会利用这些向量表示，结合自注意力机制，捕捉"光合作用"这个概念与其他词语之间的关系。

通过计算，GPT 最终会输出一个答案，如"光合作用是一个在植物、藻类和某些细菌中发生的生物化学过程，通过这个过程，它们能够利用阳光、二氧化碳和水生成葡萄糖和氧气。光合作用对地球生态系统至关重要，因为它是能量和氧气进入地球生态系统的主要途径，同时还有助于减缓全球气候变暖"。这个答案是 GPT 根据其所学到的语言知识和概念生成的。

需要注意的是，GPT 在生成答案时，并不是简单地从预训练文本中复制粘贴信息，而是通过理解问题的语义，结合所学到的知识，生成一个恰当的答案。这种生成能力使GPT能够应对各种问题和场景，为人们提供有价值的建议和解决方案。

通过上述例子，我们可以看出GPT的强大之处：它能够理解自然语言，生成连贯、有意义的文本。正是这种强大的能力，让GPT成为一个有力的工具，可以帮助人们在工作、学习和生活中解决各种实际问题。

总之，GPT作为一种先进的人工智能语言模型，凭借其庞大的规模以及强大的生成能力和理解能力，在自然语言处理领域取得了显著的成果。通过预训练和微调，GPT可以适应各种任务和领域，为人们提供有价值的建议和解决方案。了解GPT的工作原理和应用场景，有助于我们更好地利用它来为自己创造价值。

1.2　应用场景：GPT当前能解决什么问题

作为一种功能强大的人工智能语言模型，GPT已经在许多领域得到了广泛的应用。那么，GPT当前主要能解决哪些问题？GPT在工作和生活中有哪些应用场景？GPT又将改变哪些工作内容呢？以下内容将回答这些问题。

1. 文本生成与编辑

GPT擅长生成连贯、有意义的文本。在写作方面，GPT可以帮助我们撰写报告、文案、故事等。此外，GPT还可以在文本编辑过程中提供语法检查、润色和修改建议等功能，帮助我们提高文本质量。

2. 数据分析与可视化

GPT 可以帮助我们处理大量数据,从中挖掘有价值的信息。通过自然语言处理技术,GPT 能够分析文本、数字和图像数据,生成有趣的见解和可视化图表。这使我们可以更快地了解数据背后的故事,从而做出明智的决策。

3. 知识问答与辅导

GPT 可以作为一个知识问答工具,帮助我们解答各种问题。在教育领域,GPT 可以为学生提供实时的学业辅导,解答各类课程问题。此外,GPT 还可以用于员工培训和专业技能学习。

4. 语言翻译与学习

GPT 可以实现多种语言之间的翻译,帮助用户克服语言障碍。同时,GPT 还可以作为语言学习工具,为我们提供语法和发音建议以及实时的对话练习,帮助我们提升语言学习效率。

5. 个人财富管理

GPT 可以在个人财富管理领域发挥作用。例如,它可以分析我们的财务状况、经营状况、成本结构、风险承受能力,并在一定程度上提供财务建议,帮助我们管理个人财富。

6. 个人职业发展助力

GPT 在个人职业发展方面也能发挥积极作用,可以为我们提供定制化的职业规划和发展建议。例如,它可以根据我们的教育背景、工作经验和职业兴趣,为我们推荐合适的职业发展路径和技能提升途径。

此外,GPT 还能为我们提供求职、面试、职场沟通等方面的建议和技巧，帮助我们在职场中取得成功。同时，通过持续关注行业动态和市场需求，GPT能协助我们及时调整职业规划，以适应不断变化的职业环境。

7. 软件开发与代码生成

GPT可以辅助软件开发，为我们提供编程技巧和代码示例。此外，GPT还能够理解我们的编程需求，自动生成相应的代码片段。这将极大地提高软件开发者的工作效率。

8. 设计与创意辅助

GPT可以在设计与创意领域发挥重要作用。它可以为我们提供设计灵感、色彩搭配建议以及相关素材。此外，GPT还能够生成有创意的标语、口号等，帮助我们在市场营销方面取得成功。

9. 视频制作辅助

GPT在视频制作领域也能发挥重要作用，可以为我们提供创意构思和制作技巧。例如，它可以根据我们的需求和目标，提供独特的视频主题和剧本创意。GPT还能为我们提供拍摄技巧、后期剪辑方法和特效应用等方面的专业建议，帮助我们打造高质量的视频作品。

同时，通过分析当前流行趋势、观众喜好以及各类视频数据，GPT能协助我们制作出更具吸引力和传播力的视频，从而让我们的视频在平台上脱颖而出。

10. 智能助手与个人事务管理

GPT可以作为智能助手，帮助我们管理日常生活中的各种事务。例如，它可以提供天气预报、新闻摘要和路线规划等信息。

11. 自动回复与客户服务

GPT 可以被应用于在线客户服务系统中。通过理解客户提出的问题，GPT 能够生成准确、及时的回复。这样一来，客户可以在短时间内获得满意的解答，企业也可以节省客户服务成本。

虽然 GPT 很强大，能够为人类提供强大的支持，但它不能完全取代人类的工作。在实际应用中，我们应该充分利用 GPT 的优势，与其协同工作，共同创造更加美好的未来。

1.3 未来方向：GPT 未来将何去何从

随着人工智能技术的不断发展，GPT 有望在未来取得更多突破，为人类的生产和生活带来更多便利。GPT 在未来的发展方向主要包括以下 5 个方面。

1. 更强的跨领域知识整合能力

未来，GPT 将在不同领域的知识整合上取得突破，能够更好地为用户提供跨领域的问题解决方案和建议。这将使 GPT 成为一个真正的知识库，帮助用户轻松解决各类问题。

2. 更加个性化的服务

通过深度学习和用户行为分析，GPT 将能更好地了解用户的兴趣爱好和需求，从而为用户提供更加个性化的服务。这将极大地提升用户体验，使用户感受到 GPT 的贴心关怀。

3. 更广泛的行业应用

随着技术的不断成熟，GPT 将在更多领域得到应用，包括法律、金融、教育等重要行业。这将使这些行业的工作效率得到大幅提升，从而为社会带来更多的价值。

4. 更具创造性

未来，GPT 将更具创造性，能够为我们提供独一无二的设计构思、作品和解决方案。这将为艺术、设计、文学等领域带来新的灵感和创意。

5. 更多的应用场景

随着 GPT 技术的发展，未来有许多工作可能会由 GPT 来完成。例如，客服、翻译、文案策划等岗位可能会逐渐智能化。此外，一些需要大量重复劳动的工作，如数据输入、审阅等，也有可能逐渐由 GPT 来完成。

GPT 在具体的细分领域中也可能会有更深入的应用，如在医疗、智能家居与物联网、数据分析等领域有更多发展可能性。

如在医疗领域，GPT 将能协助医生进行诊断、提供个性化的治疗方案和康复建议，通过大数据分析和模型预测为药物研发提供有力支持……

在智能家居领域，GPT 也将具备更广阔的应用前景。例如，它可以作为智能家居系统的核心，实现家庭设备的智能控制、能源管理等功能。根据用户的日常生活习惯，GPT 可以为用户提供更加舒适、便捷和环保的智能生活体验。

在数据分析领域 GPT 更将大有可为。通过对大量数据进行深度挖掘和智能分析，GPT 可以帮助企业和个人发现潜在的商业价值、市场趋势和用户需求。此外，GPT 还可以协助进行预测分析，为企业决策、产品创新和市场营销提供有力支持。通过对各行业数据的深入分析，GPT 将为社会带来更多的价值。

尽管 GPT 可能会改变一些工作内容，甚至在一定程度上替人类完成一些基础工作，但它也会创造新的就业机会。

例如，GPT 的维护和优化、人工智能技术的相关教育和培训、新兴产业的开发等，都将为人类提供更多的就业机会。因此，我们应当积极面对 GPT 所带来的变革，通过学习和适应，为自己未来的职业发展做好准备。

我们有理由相信，随着技术的不断发展和人类对其应用的深入，GPT 将为人类带来更多的便利和价值，推动人类社会的进步。

第 2 章
正确提问，让 GPT 生成你想要的答案

————

　　一个好的问题不仅能帮助我们获得准确、有效的信息，还能帮我们节省时间和精力。要充分发挥 GPT 的潜力，我们首先需要学会正确地提出问题。然而，很多人在向 GPT 提问时，往往忽略了问题的正确表述方式，从而导致得到的答案与预期相差甚远。

2.1 高效提问：问题质量决定答案质量

在人际沟通和交往的过程中，提出正确的问题至关重要。一个好的问题能够帮助我们更有效地获取所需信息，避免误解和沟通障碍，更快地解决问题，节省时间和精力。然而很多人却容易问错问题。

【错误示范】

张三问："我们的项目进展如何？"

李四答："我们正在努力推进。"

张三没有得到具体的项目进度信息，因为他的问题过于宽泛，无法让李四明确地了解他想要获取的信息。

要准确提问，张三可以问"我们的项目进行到哪个环节了？"或"我们的项目进度和计划相比有什么差距？"。

低质量的问题在人际沟通中不会得到高质量的答案，在与GPT的交互中更不会得到你所期望的答案。GPT虽然是人工智能语言模型，但它理解人类语言的能力是有限的。我们提问的质量直接决定了GPT给出的答案的质量。

【错误示范】

为了准备一次旅行，张三问GPT："我该怎样实现一次巴黎旅行？"

GPT给出了从他所在城市到巴黎的飞行路线。

实际上，张三想了解的是在巴黎旅行期间的路线规划、景点推荐和注意事项，期望 GPT 为自己设计一份旅行方案。但张三问错了问题，导致 GPT 误解了他的需求。

那么在应用 GPT 时，什么是高效的提问方式呢？什么样的问题才是高质量的问题呢？下面将介绍如何进行高效提问。

1. 明确提问目的

提问前，明确自己想要获取的信息，避免提出过于宽泛或笼统的问题。

例如，如果我们想了解某个软件的使用技巧，应该明确提问："我该如何用 ×× 软件以达到我的 ×× 需求？"而不是模糊地问："×× 软件怎么用？"这样的明确提问有助于 GPT 提供更有针对性的答案。

2. 提供足够的背景信息

在提问时，尽量提供足够的背景信息，帮助 GPT 更好地理解问题。

例如，我们需要获取一些建筑设计建议时，可以提供地块、预算、设计风格等方面的具体信息，如"地块为 1000 平方米，预算为 100 万元，希望采用现代简约风格进行建筑设计，有哪些建议？"。这样的提问有助于获取更为合理的答案。

3. 使用清晰且具体的词语

避免使用模糊、容易引起误解的词语。尽量使用清晰且具体的词语来表述问题，以便 GPT 更准确地理解问题。

例如，如果我们想了解如何减少某个生产过程中的浪费，可以具体提问："在生产汽车零部件的过程中，如何有效减少原材料浪费？"而不是简单地问："如何减少浪费？"这样能让 GPT 更明确地了解我们的需求。

4. 分阶段提问

对于复杂问题，我们可以分阶段提问，先从宏观层面提问，再逐步深入具体细节进行提问。

例如，如果我们想了解一家公司的运营状况，首先可以问"×× 公司的整体运营情况如何？"，在获取了概览性答案后，可以进一步问"×× 公司的主要产品线有哪些？"以及"×× 公司的盈利状况、市场份额等经营指标是什么水平？"，这样分阶段提问有助于 GPT 更全面地了解问题。

5. 追问和澄清

在得到答案后，如有需要，可以通过追问和澄清来获取更详细或更准确的信息。

例如，当我们在询问某种技术的实现原理时，如果答案不够详细，可以追问："请详细解释这种技术的工作原理和关键组件。"或者，如果答案中出现了模糊的概念，可以要求澄清："你提到的'××'概念是什么意思？能否详细解释一下？"这样的追问和澄清可以帮助我们获取更详细、更准确的答案，从而优化与 GPT 的沟通效果。

总之，要想有效应用 GPT，问题的质量至关重要。通过明确提问目的、提供足够的背景信息、使用清晰且具体的词语、分阶段提问以及追问和澄清，我们可以更好地与 GPT 沟通，获得更有价值的答案。

2.2 问题类型：哪些问题是 GPT 擅长回答的

GPT 虽然可以在各领域为我们提供有力支持，但并非所有问题都是 GPT 擅长回答的。了解哪些问题是 GPT 能够有效回答的，哪些问题是 GPT 不能回答的，有助于我们更好地利用 GPT 获取我们想要的结果。

一、GPT 擅长回答的问题类型

1. 事实类问题

GPT 在回答有关历史、地理等各领域的事件、人物、概念等事实类问题方面表现出色。这些问题通常是以"是什么""是谁""什么时候"等形式提出的。

例如："量子力学是什么？""北京奥运会是哪一年举办的？""比尔·盖茨（Bill Gates）是谁？"等。

2. 技术类问题

对于计算机科学、电子、物理、化学、数学等各学科技术领域的问题，GPT 也能够提供较为准确的解答。

例如："在 Python 中如何创建字典？""如何配置路由器？""如何把 Excel 中的数据变成图形？"等。

3. 建议类问题

GPT 在给出有关工作、学习、生活等方面的建议时表现良好。

例如："如何提高写作能力？""如何学习一个陌生领域的知

识？""某个城市有哪些比较著名的美食？"等。

4. 创意类问题

对于需要发挥想象力和创造力的问题，GPT 也能提供有趣和独特的答案。

例如："一段 × × 类型的故事要怎么写？""为 × × 产品提供设计思路要怎么做？""编写一段要求为 × × 的视频脚本要怎么做？"等。

二、GPT 不能回答的问题类型

1. 过于主观的问题

由于主观问题涉及个人观点和感受，GPT 在回答这类问题时可能无法给出令人满意的答案。

例如："这首歌我会喜欢吗？""这部电影好看吗？""这个餐厅的菜我会喜欢吗？"等。

2. 涉及非公开或敏感信息的问题

出于隐私保护和安全考虑，GPT 无法回答涉及个人隐私、商业秘密或其他敏感信息的问题。

3. 需要经验才能解决的问题

GPT 毕竟只是人工智能工具，不是真正的专家，对一些需要经验才能解决的专业问题，如医疗健康咨询、法律咨询、心理咨询、管理咨询等，一定要寻求专业人士的建议，而不能完全依赖 GPT。

例如，尽管 GPT 可以提供一些基本的医学知识，但它不具备专业医生的资质，因此不能提供具体的医学诊断和处方建议。健康问题一定要咨询专业人士。

在实际使用 GPT 的过程中，我们可能会遇到一些问题，如 GPT 无法理解问题、回答不准确等情况。在这些情况下，我们可以尝试修改提问方式，使用不同的关键词，或将问题拆分成几个更具体、更简洁的小问题，以提高 GPT 的回答质量。

2.3 基本原则：向 GPT 提需求或问题的 6 个原则

在缺乏人类指导的情况下，GPT 无法自主输出价值。只有当我们为 GPT 提供正确的指令时，它才能输出我们所期望的结果。只有通过正确、有效地向 GPT 提出需求或问题，我们才能获得准确的答案。

向 GPT 提需求或问题要遵循 6 个原则。

原则 1：信息清晰，给出具体背景，明确表达需求

在向 GPT 提出需求或问题时，要确保表述清晰，易于理解，要尽量提供详细的信息和具体的要求，避免使用模糊不清的描述，以帮助 GPT 更准确地理解我们的需求或问题。

【错误示范】

提问 请为我编写一则关于智能手环的广告文案。

回答 寻找一款全能的智能手环？我们的智能手环拥有各种实用的功能，可助你轻松掌握健康信息。选择我们的智能手环，让你的生活更加便捷。

【正确示范】

提问 请为我编写一则关于××品牌健康智能手环的广告文案，突出其睡眠监测、心率监测、运动追踪等功能，以及时尚轻薄的外观设计。文案风格轻松有趣，字数约70字，目标受众为注重健康生活的年轻人。

回答 健康生活从未如此时尚！××品牌健康智能手环，轻薄设计，佩戴舒适。全程监测睡眠质量、实时跟踪心率、记录运动数据，助你轻松打造健康生活。让健康与时尚同行，从××品牌健康智能手环开始！

与错误示范相比，正确示范交代的需求更清晰，提供了很多具体信息。为获得更符合要求的文案，用户应提供详细的信息，如品牌名称、产品特点、文案风格、目标受众等。

原则2：语言简洁，表述精准，关键词突出

在向GPT提出需求或问题时，要尽量使用简洁、明了的语言。确保需求或问题的表述清晰，避免模糊不清或易引起误解的措辞。在提出需求或问题时，确保表述中包含正确的关键词，这有助于GPT快速定位需求或问题的核心。

【错误示范】

提问 怎样才能让更多人关注我？

回答 要想在社交媒体上吸引更多人的关注，你可以尝试以下方法。

1. 发布有趣和有价值的内容。

2. 与其他用户互动和建立联系。

3. 使用热门标签和关键词。

【正确示范】

提问　我是微博的一名女性博主，日常会进行美食分享，我该如何增加关注者数量？

回答　您可以尝试以下方法来增加微博关注者数量。

1. 发布优质内容：发布有趣、实用、精美的美食分享内容……

2. 使用适当的标签：使用适当的标签，使您发布的内容更易于被搜到和发现……

3. 与同行交流：与同领域的其他博主和意见领袖互动，进行合作或者交叉宣传……

4. 参与热门话题：参与热门话题讨论，提高曝光率和影响力……

5. 定期举办活动：定期举办有奖互动活动，吸引更多用户参与活动并关注您的微博账号……

6. 利用微博广告：可以考虑使用微博广告进行推广……

与错误示范相比，正确示范中有很多关键词，如"微博""女性博主""美食分享"，这有助于 GPT 提供更具针对性的答案。

原则 3：分阶段提出需求或问题

在向 GPT 提出需求或问题时，可以分阶段进行。有时候，将需求或问题分阶段提出能帮助 GPT 更好地理解我们的需求或问题。可以先从概括性的需求或问题开始，然后逐步深入，这样可以更好地引导 GPT 生成我们所需要的答案。

【正确示范】

提问　开一家成功的咖啡厅需要注意哪些关键因素？

回答 ……选址、市场定位、产品质量与种类、内部设计与氛围、员工和服务、营销策略……

提问 谈谈如何选择合适的咖啡厅地址？

回答 选择合适的咖啡厅地址需要考虑以下因素。

1. 目标受众……

2. 人流量……

3. 竞争情况……

4. 交通便利性……

5. 租金和其他开支……

上述示范先从一个宽泛的问题开始，然后逐步深入，从而获得了更有针对性、更全面的答案。

原则 4：验证改进，验证输出信息是否准确

在向 GPT 提出需求或问题时，要验证输出信息的准确性。尽管前沿的人机互动式技术已经具有相当高的准确性，但在特定领域或问题上，它可能会提供不准确或过时的信息。在应用 GPT 生成的答案时，我们要对信息进行验证，以确保其准确性和可靠性。

【错误示范】

提问 目前最高效的太阳能电池类型是什么？

回答 截至 2021 年，最高效的太阳能电池类型是多结高效太阳能电池，其转换效率可达 47.1%。

用户直接将 GPT 给出的答案用到了自己的工作报告中。

【正确示范】

提问　人工智能在医疗行业的应用有哪些？

回答　人工智能在医疗行业的应用有很多，包括但不限于以下方面。

1. 医学影像诊断……

2. 药物研发……

3. 患病风险预测……

4. 个性化治疗方案制订……

用户在接收到这些信息后，查阅了相关领域的研究论文和报道，发现GPT提供的答案准确且与当前的研究趋势相符。

在错误示范中，用户获取答案后，没有对其进行核实。然而，这个答案在今天可能已经过时，因为可能有新的太阳能电池技术已问世。盲目相信GPT可能导致错误决策，造成损失。

原则5：不断反馈，持续沟通获取更优答案

在向GPT提出需求或问题时，要持续反馈。如果GPT生成的答案不符合我们的要求或存在问题，不要犹豫，我们可以提供具体的反馈并要求GPT修订答案。这有助于GPT了解需求，从而输出更优质的答案。

【错误示范】

提问　如何提高客户满意度？

回答　提高客户满意度的方法有：提供优质的产品和服务、及时响应客户需求、主动收集和采纳客户的建议、关注客户体验等。

【正确示范】

提问　如何降低公司的运营成本?

回答　降低公司运营成本的方法有审查支出、提高能源利用效率、优化供应链、实施远程办公、减少办公耗材浪费等。

提问　谢谢你的建议。但我想了解实施远程办公以降低成本的具体方法。

回答　实施远程办公以降低成本的具体方法包括以下内容。

1. 评估哪些职位适合远程办公……

2. 为员工提供必要的技术支持,如……

3. 制订远程办公政策和流程……

4. 定期举行团队会议和进行一对一沟通……

在错误示范中,尽管用户对 GPT 给出的答案表示满意,但如果用户能够向 GPT 提供反馈并要求其给出更详细的答案,例如询问"主动收集和采纳客户的建议具体可以怎么做"可能会收到更实用的建议。

原则 6: 设计结构,巧用上下文信息与 GPT 互动

在向 GPT 提出需求或问题时,要利用上下文信息。GPT 具有一定的上下文理解能力。在与 GPT 互动时,我们可以设计一连串的组合问题,逐一向 GPT 提出,这样有助于 GPT 更好地理解我们的需求。

【正确示范】

提问　我想学习制作比萨,请告诉我原料和制作过程。

回答　制作比萨需要以下原料:面团、比萨酱、奶酪、馅料(如蔬菜、肉类等)。制作过程如下:

1. 准备面团；

2. 将面团制成面饼并在面团上涂抹比萨酱；

3. 添加奶酪和馅料；

4. 将面饼放入预热好的烤箱中烘烤至表面呈金黄色。

提问 谢谢，还有其他类型的比萨吗？

回答 当然，有很多类型的比萨。

1. 美式比萨，其特点是面团厚实、馅料丰富和奶酪味浓郁；

2. 意式比萨，其特点是饼底薄、配料简单和番茄酱新鲜；

3. 芝加哥风格比萨，以厚重的馅料和金黄的奶酪而闻名。

…………

上述示范是一个关于如何做比萨的组合问题，前后问题之间有关联相当于给 GPT 提供了背景预设，让 GPT 明白用户关于"其他类型的比萨"的询问重点与"如何制作这类比萨"有关。

2.4 能力培养：让 GPT 答有所问的 5 种能力

GPT 功能很强大，有效运用 GPT 也需要强大的能力。这就好像计算机出现后，虽然计算机能做的事很多，但操作计算机需要一定的能力；智能化生产机器出现后，机器本身虽然能实现智能制造，但为机器编程也需要一定的能力。

要用好 GPT，让 GPT 答有所问，需要具备如下 5 种能力。

1. 逻辑思维能力

掌握逻辑思维能力是充分利用 GPT 的关键。提高逻辑思维能力，可以帮助我们更好地理解问题的本质，从而提出更有针对性的问题。这里的逻辑思维能力包括2个层面的含义。

（1）分析问题：学会从多个角度分析问题，挖掘问题的深层含义。

（2）判断优劣：在得到GPT的回答后，能够判断其优劣，以便在必要时提出更有效的问题。

2. 跨领域整合思考能力

虽然GPT具有丰富的知识储备，但我们作为用户，也应具备一定的跨领域整合思考能力。这样，我们可以更好地理解GPT的回答，同时也可以提出更具挑战性的问题。这里的跨领域整合思考能力包括2个层面的含义。

（1）涉猎广泛：积累各个领域的基本知识，以便在向GPT提问时有一定的基础。

（2）深入研究：对感兴趣的领域进行深入研究，提高自己在该领域的专业水平。

3. 反馈与沟通能力

与GPT互动时，提供反馈和进行有效沟通是非常重要的。拥有反馈与沟通能力有助于有效使用GPT。这里的反馈与沟通能力包括2个层面的含义。

（1）提供反馈：在得到GPT的回答后，可以对其进行评价，指出其中的优点和不足，以便GPT能够更好地理解我们的需求。

（2）进行沟通：在向GPT提问时，可以尝试使用多种方式进行沟通。例如，如果第一次提问没有得到满意的答案，可以尝试使用不同的表述或提问方法，以便 GPT 更好地理解我们的需求。

4. 独立思考与判断能力

虽然 GPT 具有丰富的知识储备和强大的解决问题的能力，但它并非万能的。因此，我们需要具备独立思考与判断能力，以便在遇到问题时能够做出正确的决策。这里的独立思考与判断能力包括 2 个层面的含义。

（1）保持独立思考：在得到 GPT 的回答后，要学会自己思考，分析回答的正确性和可行性。

（2）判断信息真实性：在获取信息时，要学会判断信息的真实性，避免盲目相信 GPT 的回答。

5. 持续学习的能力

要想让 GPT 答有所问，我们要有主动学习的意识，需要不断地学习新的知识和技能。这里的持续学习的能力包括 3 个层面的含义。

（1）关注 GPT 的更新与升级：了解 GPT 的最新发展情况，以便更好地利用它。

（2）学习新技能：随着时代的发展，新的技能和知识不断涌现。我们需要不断地学习新技能，以便在与 GPT 的互动中发挥出更大的价值。

（3）反思与总结：在使用 GPT 的过程中，要学会反思和总结经验教训，从而不断提高自己的能力。

要想让 GPT 答出自己想要获得的答案，我们需要具备逻辑思维能力、跨领域知识储备、反馈与沟通能力、独立思考与判断能力以及持续学习的能力等多方面的能力。只有这样，我们才能充分利用

GPT，让它成为我们在工作、学习、生活中解决各类问题的有效工具。

2.5 描述背景：为问题划定边界的技巧

在向GPT提问时，设定问题的背景和上下文非常重要，因为这可以为问题划定边界，帮助GPT更好地理解问题，在设定好的框架下回答问题，从而提供准确和有针对性的答案。为此，我们要做到以下3点。

1. 提供背景和细节信息

准确地提供背景和细节信息可以帮助GPT更好地了解问题的基本情况，从而提供更准确和有针对性的答案。

【错误示范】

提问 如何提高团队的工作效率？

回答 提高团队的工作效率有很多方法，如明确团队目标、合理分配任务、激励团队成员、提供资源和培训等。但是，为了给出更具针对性的建议，我需要了解更多关于你团队的具体情况和目前面临的挑战。

【正确示范】

提问 我是一名项目经理，负责管理一个软件开发团队，目前团队遇到了项目延期的问题。如何提高团队的工作效率，以便按时完成项目？

回答 …………

1. 明确项目目标和期限：确保团队成员了解项目的整体目标……

2. 优化任务分配：合理分配任务，确保团队成员能够充分发挥自己的专长和技能……

3. 采用敏捷开发方法：尝试使用敏捷开发方法……

4. 保持沟通顺畅：定期召开项目进度会议……

5. 关注团队士气：激励团队成员，关注他们的工作满意度……

正确示范中的提问用准确的语言提供了问题的背景和细节信息，而错误示范中的提问用词宽泛，且没有提供背景信息。

2. 描述问题的前提和假设

明确问题的前提和假设可以帮助 GPT 更准确地理解问题，从而提供更有针对性的答案。

【错误示范】

提问 我该如何学习编程？

回答 学习编程可以从选择一门编程语言开始，例如 Python、Java 或 C++。然后，你可以通过阅读教程、观看在线课程或参加编程社区来提升技能……

【正确示范】

提问 假设我是一名编程初学者，我该如何入门？

回答 作为编程初学者，你可以从学习一门编程语言开始，例如 Python，因为它易学且功能强大。此外，你还可以通过参加在线课程、阅读教程和参加编程社区获得支持和指导……

与正确示范相比，错误示范没有限定用户是一名编程初学者，因此 GPT 提供了一个相对宽泛的答案，这对用户的参考价值较低。

3. 说明问题涉及的领域和范围

明确问题涉及的领域和范围可以帮助 GPT 更有针对性地提供相关信息和答案。

【错误示范】

提问 认知失调是什么？

回答 认知失调是个体在面对两个或多个相互矛盾的信念、观点或态度时所产生的内心紧张和不适。

【正确示范】

提问 在心理学领域中，认知失调是什么？

回答 在心理学领域中，认知失调是指个体在面对两个或多个相互矛盾的信念、观点或态度时所产生的内心紧张和不适。为了减轻这种不适，个体通常会调整其信念或行为以使它们保持一致。

与错误示范相比，正确示范明确了认知失调概念所属的具体领域，让 GPT 对认知失调概念的解读更具体，更能生成用户想要的答案。

2.6 答案判断：评判 GPT 输出答案质量的 3 个标准

在与 GPT 交流时，判断答案的质量非常重要，以确保我们获得的信息是准确的、可靠的和有用的。一定不要盲目相信 GPT 的答案，要客观思考，以事实为依据，验证信息的准确性。

判断 GPT 输出答案的质量，可以参考以下 3 个标准。

1. 确认答案是否满足需求

得到答案后，必不可少的一步是要确认答案是否满足我们的需求，即是否回答了我们的问题并提供了我们想要的信息。

【错误示范】

提问　如何进行有效的时间管理？

回答　时间管理是一种技能，可以通过实践和学习来提升……

【正确示范】

提问　有哪些方法可以做好时间管理？

回答　要进行有效的时间管理，你可以制订计划、设定优先级、避免拖延、保持专注、合理安排休息时间等……

在错误示范中，GPT 的回答没有提供具体的时间管理方法，不能满足用户的需求。这时候要调整问题的关键词或改变提问句式，或者追问："我问的不是时间管理的概念，而是我想做好时间管理，具体该怎么做。"

2. 对答案进行合理性和可靠性分析

对答案进行合理性和可靠性分析，可以帮助我们判断 GPT 所提供的信息是否合理、可信，以及在实际应用中是否有效。

【错误示范】

提问　为什么洗手很重要？

回答　洗手可以使你的手闻起来更香，从而使你心情愉悦。

【正确示范】

提问　为什么洗手对预防疾病传播很重要？

回答　洗手对预防疾病传播很重要，因为手上的细菌、病毒和其他微生物可能在手触摸面部、食物或与他人接触的过程中传播开来，而洗手可以有效去除手上的这些病原体。

正确示范中的答案基于公认的卫生原则，合理可靠；而错误示范中的答案没有解释洗手为什么可以预防疾病传播，因此在合理性和可靠性方面存在问题。

3. 验证答案中的事实和数据

验证答案中的事实和数据可以确保我们获得的信息是正确的，避免被错误信息误导。

【错误示范】

提问　人类第一次登月是在什么时候？

回答　人类第一次登月是在 1968 年 7 月 20 日，由美国的阿波罗 11 号实现。

【正确示范】

提问　人类第一次登月是在什么时候？

回答　人类第一次登月是在 1969 年 7 月 20 日，由美国的阿波罗 11 号实现。

为了验证这个答案，我们可以查阅权威资料，确认其正确性。通过查阅权威资料，我们会发现错误示范中的日期是错误的。GPT 的回答仅供参考，千万不要对其深信不疑。

2.7　评估改进：追问和澄清的 3 个技巧

在向 GPT 提问时，为获得更精确、更详细的信息，采用追问和澄清的策略非常重要，相关技巧主要包括以下 3 点。

1. 对意思模糊或不完整的答案进行追问

当我们得到一个意思模糊或不完整的答案时，可以通过追问来获得更多信息。追问可以帮助我们更深入地了解问题，了解不同方面的信息。

【错误示范】

提问　如何提高我的写作技巧？

回答　要提高写作技巧，可以多阅读、多写作、参加写作课程等。

追问　那我应该读什么书呢？

回答　你可以阅读一些自己感兴趣的书。

【正确示范】

提问　如何提高我的写作技巧？

回答　要提高写作技巧，可以多阅读、多写作、参加写作课程等。

追问　能否提供一些提高写作技巧方面的具体方法和练习？

回答　当然，具体方法包括写日记、模仿优秀作品的风格进行写作练习，例如每天至少写 500 字，或者参加写作比赛等……

错误示范中的追问没有得到详细的回答，因为它没有明确询问在提高写作技巧方面，可以阅读哪些相关书籍。

2. 对存在误解或错误的答案进行澄清

当我们发现答案中存在误解或错误时，应立即予以纠正。澄清问题可以帮助 GPT 更好地理解问题，并提供更准确的答案。

【错误示范】

提问 电阻和电流是什么意思?

回答 电阻是电流通过的电路元件,在电路中会使电流发生阻滞,并将电能转化为热能……

【正确示范】

提问 电阻和电流是什么意思?

回答 电阻是电流通过的电路元件,在电路中会使电流发生阻滞,并将电能转化为热能……

澄清 我刚才想问的其实是,电阻和电流之间的关系是什么?

回答 电阻和电流之间存在欧姆定律,即电流的大小与电阻成反比,与电压成正比。对于给定的电压,电阻越大,电流越小。

在正确示范中,用户发现自己问错了问题,导致GPT给出了偏离自己设想的回答,于是及时澄清,重新提问。

3. 鼓励GPT提供更多相关信息

在某些情况下,我们可能希望从GPT那里获得更多相关信息。我们可以通过鼓励GPT针对我们关注的细节提供更多详细信息来获得更全面的回答。

【错误示范】

提问 谁发现了引力波?

回答 引力波是由阿尔伯特·爱因斯坦在1916年首次预测的。

追问 那爱因斯坦还有哪些成就?

回答 爱因斯坦是一位著名的物理学家,他提出了许多重要理论……

【正确示范】

提问 谁发现了引力波？

回答 引力波是由阿尔伯特·爱因斯坦在 1916 年首次预测的。

追问 能否详细介绍一下引力波的发现过程和重要意义？

回答 引力波在 2015 年被 LIGO 实验室首次直接观测到。这次观测得益于两个位于美国不同地区的 LIGO 探测器。这一发现验证了爱因斯坦的广义相对论，并为研究宇宙和引力波天文学开辟了新的领域。

提问者想了解引力波的有关信息，但在错误示范中，尽管提问者试图通过追问获取更多相关信息，但提问者并没有重点关注引力波的发现过程，而是重点关注了爱因斯坦，这就导致 GPT 没有提供关于引力波的更多详细信息。

与 GPT 交流时，为了获得更精确和更详细的回答，需要注意采用追问和澄清的策略。对于意思模糊或不完整的答案，要进行追问以获取更多信息；对于存在误解或错误的答案，要进行澄清以获得准确的答案；同时，鼓励 GPT 提供更多相关信息，可以帮助我们了解问题的不同方面。

第 3 章
GPT 助力学习成长

———————

　　无论是在职场上寻求晋升发展，在生活中追求开阔眼界，还是在学校里追求优异成绩，我们都需要不断地学习以强化自己的能力。有效驾驭 GPT，我们的学习效率和成长速度将会大大提升。GPT 能帮助我们成为更优秀的自己。

3.1 检索信息：借 GPT 迅速收集数据

GPT 在收集检索方面的应用包括查找信息、回答问题、提供指导意见等。例如，GPT 可以帮助我们快速了解某一领域的基本概念、找到实用技巧、查询经营数据等。

一、情景再现

【错误示范】

提问 我需要关于市场营销的信息。

回答 市场营销是一种商业活动，旨在将产品或服务推向潜在客户，以增加销售收益。以下是关于市场营销的一些关键概念和信息。

目标市场：指产品或服务的潜在客户群体……

【正确示范】

提问 我是一名初创企业的创始人，正在制订市场营销策略，请提供 5 种适合初创企业的市场营销方法。

回答 初创企业制订市场营销策略时，可以考虑以下 5 种市场营销方法。

1. 社交媒体营销：使用各种社交媒体，如……

2. 口碑营销：通过提供优质产品或服务，让客户成为品牌的忠实粉丝……

3. 搜索引擎优化：通过优化网站内容……

4. 合作营销：与其他企业、组织或个人合作……

5. 活动营销：参加各种展会、演讲或会议等……

错误示范中的提问太过宽泛，没有明确需求，问题描述过于模糊；正确示范明确了背景（初创企业的创始人）、目标（制订市场营销策略）和需求（5种适合初创企业的市场营销方法），使GPT能够给出具体的答案，帮助用户解决问题。

二、实用方法

我们在用GPT检索信息时，可以参考如下步骤。

（1）**明确需求**：确定我们希望从GPT处获取的信息是什么。

（2）**描述背景**：提供相关背景和上下文，以便GPT更好地理解问题。

（3）**详细描述问题**：尽可能具体地描述问题，可以分段提出多个问题。

（4）**关键词选择**：选用合适的关键词，以提升搜索效果。

（5）**检查结果**：核对GPT给出的答案，确保其符合预期，并视情况改进。

三、常见模板

实际应用中，我们可以结合检索信息的具体场景向GPT提出需求或问题，常见的各类场景、句式、关键词模板如下。

场景1：获取某个基本概念

句式："请解释关键词在领域中的应用/意义。"

场景2：获取一些实用技巧

句式："请提供数字种领域中实用的技巧类型。"

场景3：查询经营数据

句式："请告诉我公司名称的数据类型在过去时间段的表现。"

场景4：获取指导意见

句式："作为一个身份，我想了解目标，请给我提供一些建议。"

场景5：有问题想寻求解答

句式："在领域中，我遇到了问题，请问如何解决？"

场景6：查找相关案例

句式："请提供数字个领域中具有代表性的案例。"

场景7：获取最新趋势和发展

句式："请概述领域中近年来的最新趋势和主要发展。"

场景8：寻求参考文献或资料推荐

句式："请推荐数字篇关于主题的优秀书籍、论文或其他资源。"

场景9：询问操作步骤或流程

句式："请简要描述完成任务所需的操作步骤或流程。"

四、注意事项

我们在使用 GPT 检索、收集数据或信息时，可能会遇到一些问题，这时我们要注意如下 5 点。

（1）**时效性**：GPT 的知识库有一定时效，我们得到的信息可能不是最新的，因此我们需注意验证信息的时效性。

（2）**准确性**：GPT 虽然会力求提供准确的答案，但仍有可能出现错误，因此我们要自行判断答案的准确性。

（3）**深度**：GPT 可以进行一定的深度分析，但在某些领域可能无法给出专业的建议，如有需要，我们应寻求专业人士的意见。

（4）**法律责任**：遵守法律法规，不要向 GPT 询问违法信息。

（5）**隐私保护**：避免在问题中泄露个人隐私。

3.2　快速学习：靠 GPT 入门陌生学科

GPT 在帮助我们高效学习方面有重要作用，例如可以帮助我们了解新领域的基本概念和理论，为我们提供有关陌生学科发展历程和未来趋势的信息，回答我们在学习过程中遇到的具体问题，推荐相关领域的资料、教程和专家等。

一、情景再现

【错误示范】

提问　我想了解量子计算，告诉我所有关于量子计算的东西。

回答　量子计算是……以下是关于量子计算的一些基本知识。

1.量子比特：量子比特是量子计算的基本单位，它可以表示 0 和 1 两种状态的叠加态……

【正确示范】

提问　我是一名高中生，对量子计算感兴趣，想要学习量子计算领域的知识，请简要介绍一下量子计算的基本概念、基本原理和应用领域。

回答 量子计算是……以下是对量子计算的基本概念、基本原理和应用领域的简要介绍。

1. 基本概念：量子计算是一种基于量子力学原理的计算模型……

2. 基本原理：量子计算的基本原理是量子叠加和量子纠缠……

3. 应用领域：量子计算的应用领域包括量子化学、量子仿真、量子密码学……

4. 学习建议：如果您对量子计算感兴趣，建议您从基础物理知识开始学习，包括量子力学、量子场论……

正确示范明确了提问者想要了解的具体方面（基本概念、基本原理和应用领域），于是 GPT 便提供了有针对性的答案。

二、实用方法

我们在利用 GPT 快速学习一门陌生学科时，可以参考如下步骤。

（1）**确定目标**：明确学习目标，清楚自己要了解的具体内容是什么，如基本概念、发展历程，还是应用场景等。

（2）**清晰提问**：将问题表述清楚，指明想要了解的具体方面。

（3）**循序渐进**：由浅入深地提问，逐层了解目标学科。

（4）**推荐资料**：向 GPT 请求推荐学习资料、教程或专家等。

三、常见模板

实际应用中，我们可以结合学习的具体场景向 GPT 提出需求或问题，常见的各类场景、句式、关键词模板如下。

场景 1：了解基本概念

句式："请简要介绍一下学科的基本概念和基本原理。"

场景 2：了解发展历程和未来趋势

句式："请描述学科的发展历程和未来趋势。"

场景 3：解答具体问题

句式："在学习学科的过程中，我遇到了问题，请问如何解决？"

场景 4：推荐学习资料

句式："请推荐一些关于学科的学习资料、教程或专家。"

场景 5：了解应用场景

句式："请列举一些学科的实际应用场景及重点案例。"

场景 6：了解主要技术和方法

句式："请简要介绍学科中的主要技术和方法。"

场景 7：了解核心问题和挑战

句式："请列举学科领域的核心问题和挑战。"

场景 8：了解学科相关的行业和从业者职业发展情况

句式："请介绍学科相关的行业和从业者职业发展情况。"

场景 9：寻求实践建议

句式："请给出在学科实践中的一些建议和技巧。"

场景 10：了解学科之间的关联和交叉领域

句式："请说明学科 A 与学科 B 之间的关联和交叉领域。"

四、注意事项

我们在使用 GPT 快速学习、了解陌生学科时，要注意如下 3 点。

（1）**要有耐心**：逐步深入了解目标学科，避免急功近利。

（2）**注意验证**：GPT提供的信息，尤其是涉及学术观点和数据的内容不一定能保证准确，而且也存在时效性方面的问题，因此要注意验证。

（3）**不同角度**：遇到难以理解的问题时，可以尝试多角度、多方式提问，以获得准确的答案。

3.3 知识图谱：让GPT构建思维框架

GPT可以帮助我们构建一个多维度、层次丰富的知识体系，解决在学习、工作和生活中遇到的实际问题。GPT可以协助我们挖掘关联知识，整合相关领域的信息，理解和应用跨学科知识。

一、情景再现

【错误示范】

某用户试图用GPT构建市场竞争分析的知识图谱。

提问 告诉我市场竞争分析的知识图谱。

回答 市场竞争分析是指对市场上的竞争格局、市场规模、市场份额、竞争对手、消费者需求、产品定位等方面进行研究和分析，以制订出相应的市场营销策略。以下是市场竞争分析的知识图谱。

1.市场规模和市场增长率……

2.竞争格局……

3.消费者需求……

4. 产品定位……

5. 营销渠道……

6. 市场营销策略……

7. 监测和评估……

【正确示范】

提问 请为我生成一个关于手机市场竞争分析的知识图谱，包括主要竞争对手、产品特点、市场份额、销售渠道、竞争策略、市场趋势等方面的内容。

回答 1. 主要竞争对手：苹果、三星、华为、小米、OPPO、vivo 等品牌。

2. 产品特点：包括……例如……

3. 市场份额：各品牌在市场中拥有的份额，包括……例如，根据相关数据……全球智能手机市场份额排名前 5 的品牌分别是……

4. 销售渠道：手机的销售渠道包括……例如……

5. 竞争策略：各品牌为了在市场中获取更高的份额，采取的竞争策略……例如……

6. 市场趋势：随着科技的不断发展，手机市场也在不断变化，包括……

正确示范中的提问明确了具体的需求（关于手机市场竞争分析的知识图谱），提供了关键的信息点（主要竞争对手、产品特点、市场份额、销售渠道、竞争策略、市场趋势等），从而让 GPT 生成了更能满足需求的知识图谱。

二、实用方法

我们在用 GPT 构建知识图谱时，可以参考如下步骤。

（1）**确定主题**：明确知识图谱的核心主题和范围。

（2）**提炼关键词**：梳理与主题相关的关键信息点。

（3）**设计结构**：构建知识图谱的层次结构和关联关系。

（4）**优化细节**：完善知识点的描述，使知识图谱更具价值。

三、常见模板

实际应用中，我们可以结合构建知识图谱的具体场景向 GPT 提出需求或问题，常见的各类场景、句式、关键词模板如下。

场景 1：确定主题

句式："请帮我构建一个关于主题的知识图谱。"

场景 2：提炼关键词

句式："请列举主题知识图谱中的关键信息点。"

场景 3：设计结构

句式："请为主题的知识图谱设计层次结构。"

场景 4：优化细节

句式："请完善主题知识图谱中的知识点描述。"

场景 5：分析关联关系

句式："请分析主题知识图谱中的知识点A与知识点B的关联关系。"

场景 6：扩展知识点

句式："请为主题知识图谱中的知识点添加更多相关信息。"

场景7：知识图谱应用

句式："请举例说明如何应用主题知识图谱解决实际问题。"

场景8：知识图谱更新

句式："请更新主题知识图谱中的知识点，以反映最新的信息。"

场景9：知识图谱评估

句式："请评估主题知识图谱的有效性和实用性。"

四、注意事项

我们在用 GPT 构建知识图谱时，要注意如下 3 点。

（1）**留意信息更新**：信息会随时间推移而发生变化，因此，定期更新知识图谱中的信息是十分有必要的。

（2）**注意信息来源**：这里同样涉及信息的时效性和真实性的问题，在涉及较新的信息时，建议结合其他信息来源进行核实。

（3）**适度求助**：虽然 GPT 能够支持知识图谱构建，但我们在学习和工作中不能完全依靠 GPT 来解决问题，还应当通过查阅相关教材、学术期刊和新闻资料，与专家交流等形式更系统地构建属于自己的知识图谱。

3.4 学业规划：用 GPT 拆分知识组块

当我们学习某个学科或某个新领域的知识时，很可能不知道该如何下手，不知道该按照怎样的节奏学习。这时候，我们可以向 GPT 提问，让 GPT 帮我们拆分该学科或领域的知识组块，合理规划学习时间，以确保每个知识组块都能得到充分学习。

一、情景再现

【错误示范】

提问　我想了解如何提升学习效果。

回答　提升学习效果的方法有设定目标、管理时间、采用适当的记笔记的技巧、保持专注等……

【正确示范】

提问　我是一名大三学生，计划攻读计算机科学硕士学位，请根据这个专业的知识体系，帮我拆分知识组块并规划学习任务。

回答　计算机科学专业主要的知识组块包括数据结构与算法、编程语言、操作系统、计算机网络等。针对这些知识组块，你可以……（提供具体规划建议）

正确示范中的提问明确了自己的背景（大三学生，计划攻读计算机科学硕士学位）和需求（拆分知识组块并规划学习任务），这使 GPT 能够给出具有针对性和实用性的回答。

二、实用方法

我们在用 GPT 做学业规划时，可以参考如下步骤。

（1）明确需求：确定具体的学业目标，如攻读硕士学位、学习某门专业课程等。

（2）了解知识体系：了解所学领域的知识体系，将其拆分为不同的知识组块。

（3）**选择课程**：根据知识组块选择相应的课程，优先选择基础课程和核心课程。

（4）**规划时间**：合理安排学习时间，确保每个知识组块都能得到充分学习。

（5）**采用合适的学习方法**：如主动学习、分阶段学习等，以提升学习效果。

三、常见模板

实际应用中，我们可以结合学业规划的具体场景向 GPT 提出需求或问题，常见的各类场景、句式、关键词模板如下。

场景 1：课业计划

句式："我是一名学生身份，计划完成学业目标，请根据这个专业的知识体系，帮我拆分知识组块并规划学习任务。"

场景 2：课程选择

句式："请为专业名称的学生推荐类别课程，以便其更好地学习知识组块。"

场景 3：学习方法

句式："请为我提供数字种在学习知识组块时可以采用的有效学习方法。"

场景 4：时间规划

句式："请为我设计一个时间段的学习计划，以便我更好地掌握知识组块。"

场景 5：实习机会

句式："请为专业的学生推荐地区的实习机会，以便其积累实践经验。"

场景 6：研究方向

句式："请介绍专业的研究方向，并推荐一些具有前景的研究方向。"

场景 7：职业规划

句式："请为专业毕业生推荐数字种职业方向，并简要介绍每个方向的职业发展路径。"

场景 8：考试准备

句式："我的背景是背景信息，请为我提供一份考试名称的备考计划和策略。"

四、注意事项

我们在用 GPT 做学业规划时，要注意如下 3 点。

（1）**说清领域**：如果无法精准表述想要学习的领域，GPT 可能帮不上忙。当然，可以先通过向 GPT 提问，来确定学习领域的关键词。

（2）**调整规划**：GPT 给出的学业规划通常是通用的，我们要根据自己的实际情况制订适合自己的规划。提供明确的背景和需求信息有助于得到更精准的答案。

（3）**落地实施**：规划不是摆设，关键是要落地。用 GPT 生成学习规划并不难，难的是执行。

3.5 课业辅导：借 GPT 提高学习成绩

GPT 更容易查询到相关学科的学习资料，能够对难题进行解答并说明原理和解答过程，因而可以用来进行课业辅导，帮助学生提高学习成绩。

一、情景再现

【错误示范】

提问 我在学数学，学不会，怎么办？

回答 请提供更多关于你遇到的数学问题的详细信息，例如具体的题目或概念。这样我才能更好地帮助你。

【正确示范】

提问 请帮我解这个二元一次方程：$2x + 3y = 13$ 且 $3x - 2y = 2$，要有解题方法、思路和过程。

回答 我们可以使用消元法来解决这个问题。

首先用 3 乘以第一个方程，然后用 2 乘以第二个方程，可以得到 $6x + 9y = 39$ 和 $6x - 4y = 4$ 两个式子。

将两个式子相减，得到 $13y = 35$，因此 $y = 35/13$。将 y 的值代入任意一个方程，比如代入第一个方程，则得到 $2x + 3 \times (35/13) = 13$，因此解得 $x = 32/13$。所以此二元一次方程的解为 $x = 32/13$，$y = 35/13$。

相较于错误示范，正确示范中的用户提供了更具体的问题，并且强调并不只是想要问题的答案，还想知道如何解题，这使 GPT

能够给出有用的答案。

二、实用方法

我们在用 GPT 进行课业辅导时，可以参考如下步骤。

（1）明确需求：确定具体的辅导需求，如课程概念、学习方法、作业题目或考试技巧等。

（2）提供背景：提供足够的背景信息，如课程名称、教材名称、相关章节、题目难度等。

（3）拆分问题：将复杂问题拆分成多个简单问题，逐一解决。

（4）优化提问：如果发现 GPT 没有解决问题，则使用清晰、简洁、具体的提问方式，避免模糊、宽泛的描述。

（5）判断答案：对 GPT 给出的答案进行判断和验证，确保答案准确。

三、常见模板

实际应用中，我们可以结合课业辅导的具体场景向 GPT 提出需求或问题，常见的各类场景、句式、关键词模板如下。

场景 1：课程概念辅导

句式："请解释课程名称中的概念，并给出数字个实例。"

场景 2：作业题目求解

句式："请帮我解答课程名称作业中的这个问题：题目描述。"

场景 3：解题步骤指导

句式："请为我提供解决题目类型的详细步骤。"

场景 4：学习计划与方法

句式："请为我制订一个课程名称的学习计划，并推荐一些有效的学习方法。"

场景 5：考试准备建议

句式："请给我提供一些关于准备课程名称的考试类型考试的建议。"

场景 6：实验报告指导

句式："请帮助我完成这个课程名称实验报告的报告部分，实验主题是实验主题。"

场景 7：疑难问题解答

句式："我遇到了一个关于课程名称的难题，请帮我解答：问题描述。"

场景 8：学术资源推荐

句式："请推荐一些关于课程名称的主题的学术资源，如书籍、论文、网站等。"

四、注意事项

正确运用 GPT，不仅能帮助我们深刻理解和灵活运用知识，而且能使我们切实提高学习成绩。不恰当地使用 GPT，过分依赖 GPT，反而可能影响学习成绩。我们在使用 GPT 进行课业辅导时，要注意如下 3 点。

（1）**不得违规：**不要将 GPT 用于违法、违规、不道德的目的。

（2）**验证真伪：**一定不要无条件相信 GPT 给出的答案，要验证其真伪。

（3）**适度运用**：不要过度依赖 GPT，要合理、适度地运用。

3.6 学术研究：GPT 助力深度学习

GPT 在学术研究方面有广泛的应用，主要包括文献查找与整理、实验设计与分析、数据处理与可视化、学术交流与合作、研究成果展示以及学术资源整合等。

一、情景再现

【错误示范】

用户希望 GPT 帮助查找关于人工智能主题的文献。

提问　我在写人工智能相关的论文，帮我找一下这方面的学术文献。

回答　1. "*A Few Useful Things to Know About Machine Learning*" by Pedro Domingos (2012)……

这些文献涉及人工智能领域的多个方面，包括深度学习、强化学习、生成式对抗网络、自然语言处理等。希望能对您有所帮助。

因为人工智能这个主题过于宽泛了，且提问者没有提供具体的研究方向，可能导致收获的答案并不是自己需要的。

【正确示范】

提问　请为我推荐 5 篇主题是关于人工智能在医疗领域的应用，且被引用次数排名靠前的高质量论文，并附上论文摘要和关键词。

回答　1. "*Deep learning as a tool for increased accuracy and efficiency of histopathological diagnosis*" by Andrew J. Beck et al. (2018).

摘要：Deep learning algorithms, in particular convolutional neural networks (CNNs), have recently shown remarkable progress in image-recognition tasks……

关键词：deep learning, convolutional neural networks, breast cancer, histopathological diagnosis……

用户明确指定了研究主题（人工智能在医疗领域的应用）、筛选要求（被引用次数排名靠前的高质量论文）、数量（5篇）和格式要求（附上论文摘要和关键词），这使 GPT 能够准确提供符合需求的论文。

二、实用方法

我们在用 GPT 做学术研究时，可以参考如下步骤。

（1）明确主题：在提出需求时，明确自己的学术研究主题和期望达到的目标，这有助于获得更有针对性的答案。

（2）提供详细信息：为 GPT 提供足够的背景信息和具体要求，以便生成更符合需求的答案。

（3）指定格式和要求：在数据处理或内容写作等方面，指定所需的格式和要求，确保生成的内容符合学术规范。

（4）反馈调整：对 GPT 生成的内容进行反馈和调整，以优化结果。

（5）结果整合：将 GPT 提供的各种信息和建议整合到实际研究中，以提高研究质量。如果出现问题，持续向 GPT 提问，或提供详细信息让 GPT 分析。

三、常见模板

实际应用中，我们可以结合学术研究的具体场景向 GPT 提出需求或问题，常见的各类场景、句式、关键词模板如下。

场景 1：文献查找

句式："请推荐数字篇关于主题的文献类型，并提供信息要求。"

场景 2：实验设计

句式："我正在研究主题，请帮助我设计一个实验类型，以验证假设。"

场景 3：数据处理

句式："请使用分析方法对这些数据类型进行分析，并提供结果要求。"

场景 4：可视化

句式："请为这些数据类型创建一个图表类型，以展示关键指标之间的关系。"

场景 5：学术交流

句式："我将参加一个关于主题的学术会议，请帮我准备一场演讲时长的演讲类型。"

场景 6：研究成果展示

句式："请为我创建一个关于主题研究成果的展示形式，内容包括关键成果和亮点。"

场景 7: 学术资源整合

句式:"我需要整合关于<u>主题</u>的学术资源,请帮我找到<u>资源类型</u>的资源,并按分类方式进行整理。"

场景 8: 合作建议

句式:"我希望与<u>领域</u>的专家合作研究<u>主题</u>,请为我推荐<u>数字位</u>可能达成合作的专家,列出他们的姓名及研究方向。"

四、注意事项

善用 GPT,必将提高我们的学术研究水平;滥用 GPT,则有可能不仅无法帮助我们在学术研究方面取得成果,而且还为自己的学术研究带来灾难。我们在应用 GPT 进行学术研究时,要注意如下 4 点。

(1)**核实评估**:虽然 GPT 具有强大的学术研究能力,但用户仍需要对其给出的答案进行核实和评估,确保答案的准确性和可靠性。

(2)**知识产权**:在使用 GPT 进行学术交流和合作时,要注意保护知识产权和遵循学术道德。

(3)**理解指导**:在与 GPT 进行学术对话时,GPT 可能存在理解偏差。如遇到这类问题,可以尝试调整提问方式及关键词。

(4)**结合实际**:GPT 虽然可以帮助用户在多方面提高学术研究能力,但仍需依赖用户的主观判断和实际操作。因此,在使用 GPT 进行学术研究时,还需要结合自身的专业知识和实际经验。

3.7 ▶▶▶ 翻译工具：让 GPT 完成翻译

GPT 可以作为翻译工具。我们可以利用 GPT 将外文文档翻译成中文，以便更好地理解其中的内容，也可以将中文文本翻译成外文，以便向外国朋友、同事或客户展示相关内容。

一、情景再现

【错误示范】

提问 我想把"我喜欢吃苹果"这句话翻译成英文，该怎么做？

回答 你可以使用在线翻译工具，例如百度翻译，将中文翻译成英文。

【正确示范】

提问 请将"我喜欢吃苹果"这句话翻译成英文。

回答 这句话的英文是"I like eating apples."。

错误示范中提问的关键词落在了"该怎么做"上，而不是直接要求 GPT 进行翻译，因此 GPT 推荐了一个翻译工具；正确示范中的提问提出了具体的翻译要求，于是得到了期望的结果。

二、实用方法

我们在用 GPT 进行翻译时，可以参考如下步骤。

（1）明确需求：明确语言转换需求，例如将中文翻译成英文，或者将英文翻译成中文。

（2）精确提问：提供具体的翻译内容和翻译文本，以便 GPT 准确地理解问题并提供相关译文。

（3）校对译文：在使用 GPT 生成的译文前，务必进行文稿校对，以确保译文准确无误。

三、常见模板

实际应用中，我们可以结合翻译的具体场景向 GPT 提出需求或问题，常见的各类场景、句式、关键词模板如下。

场景 1：单词翻译

句式："请将单词从原语言翻译成目标语言。"

场景 2：句子或段落翻译

句式："请将这句原语言翻译成目标语言：句子 / 段落内容。"

场景 3：询问词语用法

句式："请告诉我如何用目标语言描述中文词语。"

场景 4：翻译电子邮件

句式："请帮我将这封原语言电子邮件翻译成目标语言：邮件内容。"

场景 5：翻译网站内容

句式："请将以下原语言网站页面翻译成目标语言：网址。"

场景 6：翻译文件

句式："请帮我将这份原语言文件翻译成目标语言：文件链接或附件。"

场景 7：翻译影视作品

句式："请将这部原语言影视作品中的片段描述翻译成目标

语言。"

场景 8：翻译演讲稿

句式："请帮我将这篇原语言演讲稿翻译成目标语言：演讲稿内容。"

场景 9：翻译技术文档

句式："请将这份原语言技术文档翻译成目标语言：文档内容。"

四、注意事项

尽管 GPT 可以进行翻译，但我们在应用 GPT 进行翻译时，要注意如下 4 点。

（1）误差：GPT 生成的翻译结果可能存在误差，尤其是在翻译复杂句、长句或专业术语时。使用 GPT 生成的翻译结果之前，务必进行校对和修改。

（2）保密：对于敏感或需要保密的信息，不建议使用 GPT 进行翻译，以免泄露信息。

（3）避免口语：谨慎使用过于口语化，有较多俚语或网络用语的文本，因为 GPT 可能难以理解或翻译不准确。

（4）局限：GPT 虽然可以处理多种语言之间的翻译任务，但并不一定能翻译世界上的每一种语言。另外，GPT 可能无法准确处理一些特定领域或行业的专业术语。借助 GPT 处理这些领域的翻译任务时，要特别注意其翻译结果的准确性，并在必要时寻求专业人士的帮助。

第 4 章
GPT 促进职业发展

————

    GPT 这一强大的人工智能工具能够帮助职场人精准地找到职业发展方向，合理地规划职业发展路径，让职场人更加从容、自信地应对各种挑战，在工作中脱颖而出，在职业生涯中取得更好的成绩。

4.1 技能提升：用 GPT 提升职场技能

GPT 可以提升职场技能，帮助职场人解决工作中的各类问题，为职场人提供各类工作技巧，提高职场人的管理能力和领导能力，帮助职场人更好地胜任岗位。

一、情景再现

【错误示范】

提问 我想提升自己的职场技能，该怎么做？

回答 提升职场技能可以从多方面进行，例如提高沟通能力、学习时间管理技巧、提高团队协作能力等。你可以根据自己的需求和兴趣，选择合适的方向进行学习和提高。

【正确示范】

提问 我想提升自己的时间管理能力，该怎么做？

回答 要提高自己的时间管理能力，可以考虑以下几点。

制订计划：制订出每天、每周、每月的计划表，列出需要完成的任务和目标。确保任务和目标是具体、可衡量的，并给每个任务和目标设置截止日期。

分配优先级：将任务和目标按照优先级排序，先处理重要且紧急的事情，然后再去处理不那么紧急但同样重要的任务。

集中精力：将注意力集中在一个任务上，避免分散注意力，提高效率。

制订时间限制：给每个任务设置一个时间限制，保证在规定时间内完成任务。

避免拖延：遇到困难或者压力大的任务时，不要拖延，尝试分解任务，分步完成。

休息放松：合理分配工作和休息的时间，避免过度疲劳和压力，以保持精力和效率。

使用工具：使用一些工具和应用程序，例如待办事项清单、时间追踪工具和提醒应用程序，以帮助管理时间。

最后，坚持练习，持续努力和集中注意力，才能真正提高时间管理能力。

错误示范中的提问没有明确指出想要提升的具体技能，导致GPT给出了一个较为通用的答案；正确示范中的提问明确表示想知道如何学习时间管理方法，于是GPT给出了具体的方法和建议。

二、实用方法

我们在用GPT提升职场技能时，可以参考如下步骤。

（1）**明确需求**：确定具体希望从GPT处获得的职场技能提升方向，如时间管理、团队协作等。

（2）**细化需求**：将需求细化为具体的问题，以便GPT更准确地理解和回答。

（3）**关键词运用**：在提问时，尽量使用与职场技能相关的关键词，以提高问题的准确性和可理解性。

（4）**提供背景**：在提问时，可以提供足够的背景信息，以便

GPT 更好地理解问题发生的具体场景。

（5）学以致用：将 GPT 的回答应用到实际工作中，逐步提升自己的职场技能。

三、常见模板

实际应用中，我们可以结合提升职场技能的具体场景向 GPT 提出需求或问题，常见的各类场景、句式、关键词模板如下。

场景 1：时间管理

句式："我是基本情况，如何运用时间管理方法来提高我的工作效率？"

场景 2：演讲表现提升

句式："我是基本情况，请分享一些演讲技巧，以便我在场合中表现得更好。"

场景 3：团队协作与沟通

句式："我是基本情况，如何在团队场景中提高我的沟通技巧，以提升团队协作效果？"

场景 4：项目管理方法

句式："我是基本情况，请教我如何运用项目管理方法来更好地完成项目类型的工作？"

场景 5：创新思维培养

句式："我是基本情况，如何培养创新思维技巧，以便我在工作领域中发挥更大的创造力？"

场景 6：职场软技能提升

句式："我是基本情况，请告诉我如何在职场场景中提升我的软技能，以便更好地应对各种挑战？"

场景 7：解决工作中的问题

句式："我是基本情况，在工作问题的情况下，如何运用解决策略来应对并解决问题？"

场景 8：提高领导力

句式："我是基本情况，请教我如何提高领导力，以便在领导场景中更好地领导团队？"

四、注意事项

尽管 GPT 能有效提升职场技能，但我们在应用 GPT 进行职场技能提升时，要注意如下 3 点。

（1）**可实施性**：无法实施的建议没有意义，当 GPT 提供的答案不具备可实施性时，可以向 GPT 追问具体的实施方法或步骤。

（2）**有针对性**：每个人所处的职业阶段不一样，能力水平也不一样，向 GPT 提供足够的背景信息，有助于 GPT 给出更有针对性的答案。

（3）**提供案例**：在需要获取具体实践方法时，可以要求 GPT 提供案例。

4.2 职业规划：用GPT找准职业发展赛道

GPT可以提供职业发展路径规划、技能提升、行业趋势分析等职业规划方面的建议，帮助我们找到合适的职业发展道路。通过与GPT的交流，我们可以更好地了解自己的优势、兴趣，发现自己的潜力，为自己的职业生涯制订更明确的规划。

一、情景再现

【错误示范】

提问 我在找工作，有没有好工作推荐一下？

回答 请提供更多关于您的从业背景、兴趣和技能等信息，以便为您提供更有针对性的建议。

【正确示范】

提问 我是一名拥有3年软件开发经验的程序员，熟悉Python和Java编程语言，我对人工智能感兴趣，接下来我应该如何规划我的职业生涯？

回答 您可以考虑继续深入学习人工智能相关的知识，如机器学习、深度学习等，并尝试参与相关项目，以提高自己在这一领域的竞争力。同时，了解行业趋势和发展方向，关注前沿技术和研究，有助于您把握未来的发展机会……

与错误示范相比，正确示范中的提问更具体、明确，提供了足够的个人背景信息，使GPT能够给出有针对性的建议。

二、实用方法

我们在用 GPT 做职业规划时，可以参考如下步骤。

（1）明确目标：确定自己希望从 GPT 那里获得的具体建议类型，如职业规划、技能提升等。

（2）提供背景：向 GPT 提供详细的个人背景信息，如教育背景、工作经历、技能、兴趣等。

（3）关注细节：在提问中描述细节，包括个人的职业目标、期望的发展路径等。

（4）总结反馈：根据 GPT 给出的建议，总结提炼出对自己职业发展有帮助的关键信息，并对没有操作空间的回答进行追问。

三、常见模板

实际应用中，我们可以结合职业规划的具体场景向 GPT 提出需求或问题，常见的各类场景、句式、关键词模板如下。

场景 1：职业兴趣领域探索

句式："背景，我对兴趣领域感兴趣，接下来我应该如何规划我的职业生涯？"

场景 2：职业前景探索

句式："我在行业工作已有数字年，我想了解技能在该行业的发展趋势和前景，请给些建议。"

场景 3：咨询技能提升建议

句式："我目前担任职位，想要提升自己的技能，请提供一些建议。"

场景 4：咨询行业发展趋势

句式："作为一名行业从业者，我想了解行业未来的发展趋势，请给些建议。"

场景 5：咨询转行的建议

句式："我想转行到行业，请给些我该如何开始准备以及需要掌握哪些技能的建议。"

场景 6：寻求瓶颈突破

句式："我目前的职业发展遇到了瓶颈，具体问题，请给些我该如何突破这个瓶颈的建议。"

场景 7：咨询某行业内职位转换的建议

句式："我想要在行业找到一个更好的职位，请给些我该如何寻找和准备面试的建议。"

场景 8：咨询职位晋升目标的建议

句式："我计划在时间内晋升到目标职位，请给些我该如何实现这个目标的建议。"

场景 9：咨询技能组合的建议

句式："我对技能 / 领域感兴趣，如何将其与我现在从事的职业相结合？"

四、注意事项

GPT 虽然可以帮助我们做职业规划，但如果用不好，反而可能弄巧成拙，影响我们的职业规划和未来发展。我们在利用 GPT 进行职业规划时，要注意如下 4 点。

（1）**仅供参考**：GPT 提供的建议仅供参考，千万不要照单全收，我们要结合自己的实际情况进行判断和决策。

（2）**询问专家**：要询问专家的建议，在特别行业、特定岗位上工作多年的专家往往比 GPT 更有发言权，这些专家的亲身体会往往会给我们带来更多有价值的信息，我们可以把 GPT 给出的建议和专家给出的建议结合在一起。

（3）**持续更新**：职业规划和发展是一个长期过程，我们在实际操作中可能需要不断地调整和优化自己的职业发展路径。实际成效还要看我们自己的努力和实践。

（4）**切实努力**：职业发展路径需要规划，实现职业发展路径需要行动。职业发展不能只靠想，还要实际动手去做，我们需要不断地反思、学习和成长，才能真正实现自己的职业目标。

4.3　改写简历：借 GPT 展示更优秀的自己

简历是职场人展示自己的工具，然而不少人不懂如何润色简历，不知道如何写出一份吸引人的简历。这项工作当然也可以交给 GPT 完成。GPT 可以帮助我们更好地生成和改写简历，展示自己的优势和能力，使简历更加出彩。

一、情景再现

【错误示范】

提问　我该怎么改简历？

回答 改简历可以按照以下步骤进行。

1. 重新审视自己的简历：看看哪些方面可以改进……

2. 重新定义自己的目标：根据自己的职业目标和求职方向，重新调整自己简历的内容和形式……

3. 突出重点：在简历中突出自己的优势，包括技能、工作经验、教育背景和成就等……

4. 更新内容：……

5. 注意格式和排版：……

6. 仔细校对……

【正确示范】

提问 我是一名有 5 年 Java 开发经验的软件工程师，希望申请 ×× 公司高级软件工程师的职位。这是岗位要求（附上岗位要求），这是我的简历草稿（附上简历内容）。请根据我所提供的信息，帮我修改简历，并突出我的技能和经验。

回答 根据您提供的信息，我为您修改了如下内容。

在开头部分，增加了概括您的专业技能和经验的介绍……在工作经验部分，修改了……

正确示范中，用户不仅向 GPT 说明了自己的情况，还把需要 GPT 知道的信息和需要 GPT 修改的信息全部包含在了问题中，从而让 GPT 输出了他想要的信息。

二、实用方法

我们在用 GPT 改写简历时，可以参考如下步骤。

（1）**提供背景信息**：在向 GPT 提问时，务必提供自己的相关经历、技能等信息，以便 GPT 能够充分了解情况，从而给出更有针对性的建议。如果是针对某个岗位的求职，最好能提供岗位或公司的相关信息。

（2）**明确需求**：明确自己具体想要改进简历的哪些方面，如突出技能、优化工作经历描述、调整排版等。

（3）**提供原始简历**：将自己的原始简历提供给 GPT，便于其了解原始简历的结构和内容。

（4）**针对性修改**：根据 GPT 的建议，对简历进行针对性的修改。

三、常见模板

实际应用中，我们可以结合改写简历的具体场景向 GPT 提出需求或问题，常见的各类场景、句式、关键词模板如下。

场景 1：突出专业技能

句式："我具有数字年的专业领域经验，擅长技能 1、技能 2 和技能 3，请帮我在简历中突出这些技能。"

场景 2：优化工作经历描述

句式："在公司名称担任职位名称期间，我完成了主要业绩。请帮我优化这段经历的描述。"

场景 3：调整排版和设计

句式："请根据我的行业和求职目标为我的简历提供合适的排版和设计建议。"

场景 4: 撰写自我介绍

句式:"请帮我根据我的背景和求职目标,撰写一段吸引人的自我介绍。"

场景 5: 调整教育背景描述

句式:"我在学校名称获得了学位类型学位,专业是专业名称。请帮我优化这段教育经历的描述。"

场景 6: 结合实际情况添加项目经验

句式:"请结合实际情况帮我在简历中添加与求职方向相关的项目经验,并突出我的贡献。"

场景 7: 优化技能描述

句式:"我熟练掌握技能,请为我提供有关这项技能的有趣且专业的表述。"

场景 8: 描述个人品质

句式:"我具有品质 1、品质 2 和品质 3 的优点,请帮我在简历中融入这些品质。"

场景 9: 撰写求职信

句式:"根据我的背景和求职目标,请帮我撰写一封吸引人的求职信。"

四、注意事项

GPT 虽然可以帮助我们生成和改写简历,但假如我们操作不当,则可能达不到预期效果。我们在利用 GPT 生成和改写简历时,要注意如下 5 点。

（1）**字数限制**：最好为生成的内容设定字数限制，以确保内容精练、易于阅读，符合简历的特点。

（2）**行业特点**：在应用 GPT 生成和改写简历时，要注意说明行业特点，确保简历内容与目标行业和职位相关。

（3）**信息全面**：确保我们向 GPT 提供的信息是足够的、全面的、最新的，以便生成的内容准确反映我们当前的职业背景和技能情况。

（4）**多个建议**：我们可以主动要求 GPT 提供多个不同的建议，然后综合参考并选择最适合我们的建议。

（5）**实事求是**：在使用 GPT 生成和改写简历时，确保提供的信息真实可靠，避免虚假夸大，以免影响求职信誉。

4.4　面试技巧：GPT 助力获得心仪职位

求职面试是很多职场人不擅长的，不少人其实自身条件很优秀、能力很强，但到面试时就成了"茶壶里煮饺子——肚里有货倒不出"，不知道如何展示自己的优秀。巧用 GPT，能够帮助我们提升面试技巧，从而获得心仪的职位。

一、情景再现

【错误示范】

提问　我想知道如何在面试中表现得更好。

回答　要在面试中表现得更好，你需要注意以下几点。

1. 做好准备。

2. 保持自信。

3. 展示你的技能和经验。

4. 提前了解公司……

【正确示范】

提问 我即将参加一场针对市场营销岗位的面试，根据这个岗位的要求和职责，你能给我提供一些建议来帮助我在面试中脱颖而出吗？

回答 针对市场营销岗位的面试，你可以注意以下几点。

1. 展示你的市场营销知识和实际经验，比如提到你曾经成功开展的营销活动。

2. 强调你的创新能力和团队协作精神。

3. 研究面试公司的产品和市场定位，提出针对性的建议。

4. 准备一些常见的市场营销面试问题，如"如何制订一份成功的营销方案？"……

正确示范中的提问明确了需求，提供了足够的背景信息，使GPT能够给出具体的、有针对性的建议，从而更能解决实际问题。

二、实用方法

我们在用 GPT 提升面试技巧时，可以参考如下步骤。

（1）**明确需求**：所谓面试技巧是很宽泛的，我们要确定自己具体需要提升哪方面的面试技巧，如自我介绍、回答某类问题、薪酬谈判等。

（2）**提供背景**：向 GPT 提供足够的背景信息，包括面试岗位、行业、公司等方面。

（3）**设定目标**：明确希望在面试中达到的目标，如展现专业能力、展现沟通能力、强调大局意识等。

（4）**反馈调整**：根据 GPT 给出的建议，找身边人进行模拟面试，并向 GPT 反馈效果，以便不断优化解决方案。

三、常见模板

实际应用中，我们可以结合提升面试技巧的具体场景向 GPT 提出需求或问题，常见的各类场景、句式、关键词模板如下。

场景 1：自我介绍优化

句式："我将参加岗位的面试，需要准备自我介绍，请帮我针对这个岗位优化我的自我介绍。"

场景 2：回答面试问题

句式："我即将参加岗位的面试，请针对这个岗位给我提供 5 个可能被问到的问题和回答建议。"

场景 3：提问环节

句式："我将面试公司名称的岗位，请给我提供 3 个在面试结束时可以向面试官提的问题。"

场景 4：行业研究

句式："请为我提供关于行业的最新发展趋势和市场动态的信息，以便我在面试岗位时表现出对该行业的了解。"

场景5：公司研究

句式："请告诉我公司名称的核心业务、企业文化和最近的发展状况，以便我在面试岗位时展示对该公司的了解。"

场景6：展示能力

句式："我将面试岗位，请根据这个岗位的职责，结合我的实际情况帮我润色出一个典型案例来展示我的能力。"

场景7：应对压力面试问题

句式："请给我提供3个针对岗位可能出现的压力面试问题及合适的回答建议。"

四、注意事项

尽管GPT能够提升我们的面试技巧，但如果应用不当，也不能达到预期效果。我们在利用GPT提升面试技巧时，要注意如下3点。

（1）**保持互动**：在向GPT提问时，可以适当与GPT保持互动，让它更多、更全面地了解我们的实际情况，以便给出更实用的建议。

（2）**实践反馈**：将GPT给出的建议应用于实际面试，根据实际效果向GPT反馈，从而优化解决方案。

（3）**多做准备**：在实际面试中可能遇到各种类型的问题，提前做好充足的准备，有助于我们面试成功。

4.5　沟通锻炼：巧用GPT掌握沟通技巧

设定情景和背景，让GPT扮演某个角色，刻意地、持续地与

GPT进行对话练习，可以在一定程度上提高我们的沟通能力。当然，我们也可以直接询问GPT在不同场景下如何提高沟通能力。

一、情景再现

【错误示范】

提问　如何提高沟通能力？

回答　提高沟通能力可以从以下几个方面入手。

1. 倾听。

2. 表达清晰。

3. 保持耐心。

4. 增强自信。

5. 培养同理心……

【正确示范】

提问　我是一名产品经理，团队成员共有5名，我该如何在团队协作中提高自己的沟通能力？

回答　作为一名产品经理，在团队协作中提高沟通能力可以尝试以下方法。

1. 梳理需求，确保沟通目的明确。

2. 积极回应团队成员的意见和建议。

3. 定期组织团队沟通会议，提高团队凝聚力。

4. 学会用简洁明了的语言表达想法……

正确示范中的提问提供了具体的职业背景和场景信息，使GPT能够给出更有针对性的建议。

二、实用方法

我们在借助 GPT 提高沟通能力时，可以参考如下步骤。

（1）**明确场景**：描述我们所面临的具体场景，包括职业、环境等方面，同时可以给 GPT 一个角色，让 GPT 模拟该角色和自己对话。

（2）**明确需求**：阐述我们希望解决的问题或达到的目标，让 GPT 输出的对话内容可以帮助我们实现目标。

（3）**适时引导**：如果 GPT 的回答偏离主题，可以适时地提出问题，以引导 GPT 的回答更加符合需求。

（4）**反馈调整**：如果发现 GPT 并未理解我们的需求，可以对 GPT 的回答进行反馈，并提出修改意见，或在澄清后重新开始对话。

三、常见模板

实际应用中，我们可以结合沟通锻炼的具体场景向 GPT 提出需求或问题，常见的各类场景、句式、关键词模板如下。

场景 1：提高职场沟通能力

句式："我是一名职业，在场景中，如何提高我的沟通能力？"

场景 2：解决团队冲突

句式："我是职业，如何在场景中化解团队产生的类型冲突？"

场景 3：提升演讲技巧

句式："我需要在场合中进行关于主题的演讲，如何提升我的演讲技巧以获得更好的表现？"

场景 4：跨部门协作沟通

句式："作为<u>职业</u>，如何与<u>部门</u>顺畅沟通以顺利推进<u>项目</u>？"

场景 5：客户关系管理

句式："在<u>业务</u>场景中，如何与<u>客户类型</u>进行有效沟通，以提升客户满意度？"

场景 6：员工管理和激励

句式："作为<u>管理者职位</u>，如何通过沟通提高团队士气和工作效率？"

场景 7：团队建设活动

句式："我们将举行一个<u>团队建设活动</u>，如何通过沟通增进团队成员之间的默契？"

场景 8：商务谈判技巧

句式："我将参加一场<u>商务谈判</u>，如何提升我的谈判技巧以为我方争取到更好的合作条件？"

场景 9：网络沟通技巧

句式："在<u>在线</u>场景中，如何提升我的网络沟通技巧以更好地表达观点和解决问题？"

四、注意事项

GPT 虽然可以帮助我们提高沟通能力，但我们在应用时要注意如下 3 点。

（1）**认清现实**：GPT 虽然可以模拟人类和我们对话，但人类的复杂性远超 GPT，不要认为能有效和 GPT 模拟的角色对话，就可以在现实中毫无阻碍地和这类角色对话。

（2）仅为辅助：和GPT对话能辅助自己提高沟通能力，但在真实场景中和真人对话的锻炼效果更佳。

（3）技巧应用：能力提高要靠行动来落实，GPT给出的不同场景下的沟通方法和技巧只有在真正应用后才能提高沟通能力。

4.6 社交技巧：用GPT改善人际关系

社交是人们必备的技能，却也是很多人的软肋。GPT可以帮助我们提高社交能力，避免社交焦虑，改善人际关系，为我们提供在不同场合下得体、有效的社交建议和技巧。

一、情景再现

【错误示范】

提问　如何让我变得更受欢迎？

回答　要变得更受欢迎，你可以尝试更多地与人交流，展示自己的才华，保持乐观的心态，并关心他人……

【正确示范】

提问　我大学刚毕业，没接触过职场，马上就要开始职场生活了，我该如何与同事协作呢？

回答　对于刚毕业的新人来说，适应职场需要一定的时间。以下是一些建议，可帮助您在职场中与同事协作。

1. 理解公司文化和团队氛围：了解公司的文化和团队氛围，

包括……

2. 学会倾听和沟通：倾听和理解别人的观点……

3. 尊重他人和建立信任：尊重他人的工作和生活……

4. 主动承担任务：在工作中，主动承担并完成任务……

5. 维护好个人形象：在职场中，个人形象非常重要……

正确示范中的提问设定了身份，交代了背景，而且给出了与同事协作的需求，这使 GPT 能够给出更有针对性的答案。

二、实用方法

我们在借助 GPT 提升社交技巧，改善人际关系时，可以参考如下步骤。

（1）**明确目标**：确定自己希望在社交技巧方面提升的具体领域，如沟通技巧、人际关系处理等。

（2）**提炼关键词**：根据目标领域，提炼出关键词，以便向 GPT 提问。

（3）**结合场景**：结合实际场景，描述自己遇到的问题，从而获得具体的解决方案。

三、常见模板

实际应用中，我们可以结合不同的社交场景向 GPT 提出需求或问题，常见的各类场景、句式、关键词模板如下。

场景1：询问交际礼仪

句式："在场合中，如何展示得体的交际礼仪？"

场景 2：提升沟通技巧

句式："请给我一些在场景中提升沟通技巧的建议。"

场景 3：人际关系处理

句式："在关系类型中，如何处理问题，以改善人际关系？"

场景 4：社交场合应对

句式："在场合中，我应该如何应对问题，以保持良好的社交形象？"

场景 5：朋友圈扩展与维护

句式："如何在场景中扩展朋友圈，并维护现有的朋友关系？"

场景 6：建立信任

句式："在关系类型的互动中，如何建立信任？"

场景 7：网络社交技巧

句式："请给我一些能帮我在网络平台上提升社交好感度的社交技巧。"

场景 8：建立良好的职场人际关系

句式："在职场中，如何与角色建立良好的人际关系？"

场景 9：避免社交焦虑

句式："请给我一些关于在场景中避免社交焦虑的建议。"

四、注意事项

GPT 虽然可以帮助我们掌握社交技巧、改善人际关系，但我们在应用时要注意如下 3 点。

（1）注意场景：不同社交场景下的社交技巧是不同的，有些惯例甚至可能是相反的，所以在向 GPT 提问时应交代清楚场景和背景。

（2）结合实际：GPT 给出的建议可以作为参考，应用时要结合自己的性格特质和实际情况适度调整。

（3）保持善意：人际交往不是简单的"1+1=2"，很多时候没有一定之规，虽然具体的交往方式可能有所不同，但有一点是相通的，那就是保持善意。

4.7 修饰话术：借 GPT 回复各类问题

同样一件事，用不同的方式来表达，可能会产生不同的效果。GPT 可以帮助我们修饰话术，让我们在不同场合用恰当的方式回复各类问题。

一、情景再现

【错误示范】

提问 我该如何回复上级领导的问题？

回答 在回复上级领导的问题时，应遵循以下几个原则。

1. 保持敬意……

2. 准确回答……

3. 简洁明了……

4. 提供证据……

5. 反馈问题解决情况……

6. 主动沟通……

【正确示范】

提问 上级领导希望我今天晚上加班完成一项工作，但我已经和一个重要的朋友约好了今晚一起吃饭和看电影，我该如何礼貌、委婉地拒绝上级领导的加班要求，并且不让上级领导对我产生不好的印象呢？请说明原理，同时给我一个回复示例。

回答 在这种情况下，你可以尝试采用以下策略来委婉地拒绝加班要求，同时尽量降低上级领导对你产生不好印象的可能性。

1. 表达谢意和歉意：首先要感谢上级领导给你的工作机会，然后表达歉意，说明你今晚有重要的私人约会，不能加班。

2. 说明原因：简要说明你今晚已经安排了与一个重要朋友的约会，这是一个事先计划好的活动，很难取消。

3. 提出解决方案：为了表现出你的积极态度和责任心，你可以提出其他解决方案。例如，提议提前开始工作，或者在明天早上提早来公司处理相关工作。

4. 表示愿意承担后果：告诉上级领导，你能确保今晚的安排不会影响整体项目进度。

以下是一个回复示例。

"领导您好，非常感谢您把这项工作交给我。但很抱歉，今晚我已经安排了一个重要的私人约会，实在很难取消。为了尽量减少对工作的影响，我可以提前开始工作，或者明天早上提早到公司处理相关事宜。我会确保这次安排不会影响项目的进度，希望您能理解。"

通过以上策略，你可以尽量礼貌、委婉地拒绝加班要求，同时表现出积极、负责任的态度，降低上级领导对你产生不好印象的可能性。

正确示范中的提问将背景交代得更加具体和清晰，还请求GPT直接输出一个示例供参考，因此，相应的回答实用性和可操作性更强。

二、实用方法

我们在借助GPT修饰话术时，可以参考如下步骤。

（1）**明确场景**：确定回答问题的具体场景，如回复上级领导、亲属、朋友等。

（2）**确定问题类型**：明确需要回答的问题类型，如借钱等。

（3）**表达态度**：在回答问题时，要注意表达自己的态度，如礼貌、诚恳等。

（4）**考虑关系**：在回答问题时，要充分考虑与对方的关系，以便采取适当的回答方式。

（5）**适当修改**：在GPT提供的答案的基础上做修改，将其变成更符合自己口吻的回复。

三、常见模板

实际应用中，我们可以结合不同场景的话术或回复需求向GPT提出需求或问题，常见的各类场景、句式、关键词模板如下。

场景1：回复上级领导的问题

句式："我当前基本情况，在回复问题内容时，我应该如何表达，以表示尊重？"

场景2：回复亲属、朋友的问题

句式："我当前基本情况，面对问题内容，如何用温情、关心的语言回答？"

场景3：回复借钱的问题

句式："我当前基本情况，如何礼貌地回复谁向我借钱的请求？"

场景4：回复冒犯性问题

句式："我当前基本情况，当遇到谁提出冒犯性问题时，我应该如何回应？"

场景5：回答工作相关问题

句式："我当前基本情况，应该如何专业地回答与工作领域相关的问题？"

场景6：回复客户提问

句式："我当前基本情况，面对客户提出的问题内容，我应该如何用礼貌、专业的语言回答？"

场景7：回答学术问题

句式："我当前基本情况，请提供一个针对学术领域相关问题的详细、专业的回答。"

场景8：处理突发情况

句式："我当前基本情况，在遇到突发事件时，我应如何冷静地处理？"

四、注意事项

在应用 GPT 修饰话术方面，我们要注意如下 3 点。

（1）**背景信息**：向 GPT 提供足够的背景信息有助于 GPT 直接生成我们想要的话术。

（2）**文化差异**：在询问 GPT 时要注意文化差异，避免使用可能引起误解或冒犯他人的词语和表达方式。

（3）**因人而异**：对不同的对象阐述相同事件应采取不同的表达方式，因此要注意表达场景和沟通对象。

4.8 做表高手：不会做 Excel 表格时可以问 GPT

Excel 作为一款强大的数据处理工具，是我们分析、整理数据的得力助手。然而，面对复杂的 Excel 表格和公式，一些人感到头痛不已，因为他们浪费了许多时间和精力却得不到想要的结果。

GPT 在解决 Excel 问题方面的应用，包括但不限于 Excel 基础操作、公式运用、数据分析、数据可视化等方面。针对关于 Excel 的各种问题，我们可以向 GPT 提问，以寻找解决方案。

一、情景再现

【错误示范】

提问　如何用 Excel 制作报表？

回答　Excel 是一款功能强大的电子表格软件，可以用来创建各种报表。首先，打开 Excel，然后……这里只提供了一些基本操作，若要了解更多，请提供更具体的信息。

【正确示范】

提问 如何在 Excel 中创建一个显示每月销售额的柱状图？

回答 要在 Excel 中创建一个显示每月销售额的柱状图，请按照以下步骤操作。

1. 打开 Excel 并输入数据。

…………

7. 调整图表样式以满足您的需求。

错误示范中的问题过于宽泛，没有提供足够的背景信息，导致 GPT 给出了一个通用的、无法解决问题的答案（正确的废话）。正确示范提出了制作 Excel 表格时遇到的具体操作问题，使 GPT 能够给出正确的、有用的答案。

二、实用方法

我们在借助 GPT 制作 Excel 表格时，可以参考如下步骤。

（1）**明确需求**：确定具体需要解决的问题，例如制作某种图表、使用计算公式等。

（2）**提供背景信息**：描述问题的场景和相关数据，以便 GPT 理解问题的具体背景。

（3）**使用专业术语**：在提问时尽量使用 Excel 中的专业术语，如"公式""图表"等，以提高问题的准确性。

（4）**指定输出格式**：如果需要 GPT 提供具体的步骤或示例，可在提问时说明希望得到的答案格式。

三、常见模板

实际应用中，我们可以结合 Excel 的不同应用场景向 GPT 提出需求或问题，常见的各类场景、句式、关键词模板如下。

场景 1：创建图表

句式："如何在 Excel 中创建一个图表类型，以显示数据内容？"

场景 2：使用公式

句式："如何在 Excel 中使用公式名称公式计算数据内容？"

场景 3：数据分析

句式："如何利用 Excel 对数据类型进行分析方法？"

场景 4：数据整理

句式："如何在 Excel 中对数据内容进行整理方式？"

场景 5：制作报表

句式："如何在 Excel 中创建一个报表类型，以展示数据内容？"

场景 6：自动化操作

句式："如何在 Excel 中使用自动化工具来完成任务描述？"

场景 7：数据导入 / 导出

句式："如何在 Excel 中导入 / 导出数据格式的数据？"

场景 8：应用条件格式

句式："如何在 Excel 中应用条件格式规则来突出显示数据条件？"

场景 9：创建数据透视表

句式："如何在 Excel 中创建一个数据透视表，以分析数据内容？"

场景 10: 数据合并 / 拆分

句式:"如何在 Excel 中合并 / 拆分数据对象?"

四、注意事项

我们在应用 GPT 做 Excel 表格时,要注意如下 3 点。

(1)**提前规划**:早做规划,提前想好自己想要什么。

(2)**用词精准**:准确描述自己的需求,避免使用含义模糊的词语。

(3)**数据保护**:注意保护隐私,避免在提问中涉及个人隐私和商业秘密,如个人信息、公司内部数据等。

4.9 精美报告: 用 GPT 辅助做出精美 PPT

PPT 已经成为很多职场人的必备工具,而且职位越高,越要学会用 PPT 向别人表达思想、传递信息。GPT 可以帮助职场人制作精美的、吸引人的 PPT,从而更好地展示自己。

一、情景再现

【错误示范】

提问 我想制作一个企业文化类 PPT,该怎么做?

回答 制作一个企业文化类 PPT 的步骤如下。

1. 明确主题……

2. 确定目标受众……

3. 收集信息……

4. 制作大纲……

5. 设计布局……

6. 添加视觉元素……

7. 添加互动元素……

8. 最后整合……

以上步骤应该可以帮助您制作一个成功的企业文化类PPT。

【正确示范】

提问　我要为一个关于节能环保的企业文化课程制作PPT，目标受众是公司员工，我希望这个PPT的风格符合环保理念，请给我一些建议和设计灵感。

回答　创建一个符合环保理念的PPT，可以从以下几个方面着手。

1. 色彩选择：使用自然、清新的颜色，如绿色、蓝色和白色……绿色代表生态与自然，蓝色代表水资源和清洁，白色则代表纯净与简洁。

2. 图片和图表：使用高质量的图片来展示环保相关场景，如森林、海洋、动植物等……

3. 布局设计：采用简洁的布局……

4. 内容结构……①引言：介绍企业文化课程的背景和目标……②环保现状：介绍全球环保现状……③企业责任与行动……④员工参与……⑤成果展示……⑥结语……

5. 节奏把握……

6. 互动环节……

正确示范给出了做 PPT 的具体场景和要求，使 GPT 能够给出更有针对性和实用性的建议，帮助用户更好地制作 PPT。

二、实用方法

我们在借助 GPT 制作 PPT 时，可以参考如下步骤。

（1）**明确需求**：确定具体要制作的 PPT 主题、目标受众和场景。

（2）**寻求灵感和建议**：请 GPT 提供与主题相关的设计灵感和建议。

（3）**获取模板和布局建议**：向 GPT 询问适用于特定场景的 PPT 模板和布局建议。

（4）**内容规划**：请 GPT 帮助规划 PPT 的内容和结构。

（5）**获取视觉元素**：请 GPT 提供与主题相关的图片、图表和其他视觉元素的建议。

（6）**优化调整**：在制作过程中，遇到问题可随时请教 GPT，并根据其建议进行调整。

三、常见模板

实际应用中，我们可以结合 PPT 的不同应用场景向 GPT 提出需求或问题，常见的各类场景、句式、关键词模板如下。

场景 1：设计灵感

句式："我想要达到目的，因此要设计一个关于主题的精美 PPT，请给我一些建议。"

场景 2：获取模板

句式："我想制作一个关于主题的 PPT，适合场景，想要向受众展示，请推荐一些 PPT 模板。"

场景 3：内容规划

句式："我是背景信息，为了达到目标，请帮我规划一个关于主题的 PPT 内容和结构，目标受众是受众。"

场景 4：图片选择

句式："我是背景信息，需要一些与主题相关的图片，用于制作 PPT，请给我一些建议。"

场景 5：图表制作

句式："为了达到效果，我想在 PPT 中展示数据类型，请给我一些关于制作一个直观的图表的建议。"

场景 6：动画效果

句式："我想为关于主题的 PPT 添加一些动画效果，我想要要求，动画时长为时长，请给我一些建议。"

场景 7：优化建议

句式："我已经制作了一个关于主题的 PPT，其内容如下展示内容，请问如何优化和改进这个 PPT？"

场景 8：演示技巧

句式："我是背景信息，请问在演示关于主题的 PPT 时，有哪些演示技巧？"

场景 9：问题解答

句式："在制作关于主题的 PPT 的过程中，我遇到了问题，请帮我解决。"

四、注意事项

我们在应用 GPT 做 PPT 时，要注意如下 3 点。

（1）**原创性和个性**：GPT 虽然可以为我们做 PPT 提供帮助，但我们也要注意保留自己的原创性和个性。

（2）**知识产权**：使用 GPT 时，要遵守知识产权相关的法律法规，尊重他人的创意和成果。

（3）**辅助工具**：GPT 和一些外部工具配合使用，可以更好地生成 PPT，例如用 GPT 生成文本和结构，用 AI 绘图软件生成图片。

第 5 章
GPT 加速财富增长

投资理财、创业经营、成本管控和风险管控等事项不仅需要比较丰富的专业知识，而且需要对大量信息进行分析和处理。对很多人来说，这些信息的获取和分析无疑是一项艰巨的任务。而 GPT 的出现可以为这类决策提供参考和有力支持。

5.1 投资理财：用 GPT 加速财富积累

俗话说"你不理财，财不理你"，如果没有理财的意识和能力，个人财富很可能随时间推移逐年缩水。GPT 能够帮助个人投资理财，加速财富的积累和增值。

一、情景再现

【错误示范】

提问 如何投资理财？

回答 投资理财有很多途径，例如投资房地产、购买债券和基金等。请提供更多关于您的投资目标和风险承受能力的信息，以便我为您提供更具体的建议。

【正确示范】

提问 我有 5 万元的闲置资金，计划在未来 3 年内实现财富增值，风险承受能力适中，请给我一些建议。

回答 根据您的投资目标和风险承受能力，您可以考虑将资金分散投资到以下几个领域。

1. 中低风险的债券基金，占比 30%。

2. 指数基金，占比 30%。

…………

这样的投资组合可以在风险可控的情况下，实现资产稳健增值。请注意，这仅是一个建议，具体方案还需根据市场情况和个人情况进行调整……

正确示范明确了投资目标、资金规模、时间期限和风险承受能力，因此 GPT 能够给出具体的投资建议。

二、实用方法

我们在用 GPT 辅助投资理财时，可以参考如下步骤。

（1）**明确目标**：提供投资目标、资金规模、时间期限和风险承受能力等关键信息，以便 GPT 给出有针对性的建议。

（2）**设定边界**：避免宽泛的问题，提问时可以表明自己更希望知道或采取某一投资策略或财富管理方案等。

（3）**获取实时信息**：利用 GPT 获取实时市场数据、行业动态和政策影响等，辅助决策。

（4）**多角度思考**：通过向 GPT 提问，从多个维度了解投资理财的风险和收益，更全面地权衡利弊。

三、常见模板

实际应用中，我们可以结合投资理财的实际情况向 GPT 提出需求或问题，常见的各类场景、句式、关键词模板如下。

场景 1：投资建议

句式："我有资金规模的闲置资金，计划在时间期限内实现投资目标，风险承受能力为风险等级，请给我一些建议。"

场景 2：投资产品分析

句式："投资产品名称的情况是信息，请分析一下这款产品的风险、收益和适用人群。"

场景 3：市场趋势

句式："在背景下，请告诉我近期市场或行业的趋势，以及可能影响投资的因素。"

场景 4：投资策略

句式："在当前市场环境下，对于风险承受能力的投资者，哪些投资策略更适合他们？"

场景 5：政策解读

句式："请解读一下最近发布的政策名称，其内容是信息，它对投资领域有哪些影响？"

场景 6：理财产品对比

句式："请比较理财产品 A 和理财产品 B，并说明它们各自适合的投资人群。"

四、注意事项

我们在向 GPT 询问投资理财建议时，要特别注意如下 3 点。

（1）**仅供参考**：GPT 不是专业的投资顾问，不能真的预测未来市场，它提供的建议仅供参考，我们要在自身判断的基础上做决策。

（2）**避免依赖**：人要赚自己认知范围内的财富，不要全然依赖 GPT，也不能莽撞地进入自己完全不懂的领域。

（3）**谨慎决策**：投资有风险，理财需谨慎，提高警惕别天真！

5.2　财务规划：借GPT改善财务状况

　　无论是个人还是企业，制订合理的财务规划是实现财务目标和保证财务状况健康的必要条件。可是对于大多数人来说，制订一份实用的财务规划并不容易。借助GPT，我们可以相对轻松地制订个人或企业的财务规划，更加有效地管理我们的资金，提高财务状况的稳定性。

一、情景再现

【错误示范】

提问　我的财务状况很差怎么办？

回答　如果您的财务状况很差，可以采取以下措施。

1. 列出您的收入和支出……

2. 制订预算……

3. 减少开支……

4. 增加收入……

5. 咨询专业人士……

6. 寻找支持……

　　最重要的是，不要放弃，采取积极的行动来改善您的财务状况，并且持之以恒。

【正确示范】

提问　我目前每月的收入是8000元，但因为我超前消费，下个月要还的信用卡金额已经达到了9000元。我不想再让这类事情发生了，还想以后每月至少要存下3000元。为此，我该怎么做财务规划？

回答 以下是一些建议。

1. 制订预算：根据你的收入，你需要制订月度预算。列出你的固定支出（如房租、水电费等）和可变支出（如餐饮、娱乐、购物等）。确保预算中的总支出不超过 5000 元，以实现每月存下 3000 元的目标。

2. 还清高息债务：首先，你需要集中精力解决下个月要还的信用卡账单。可以考虑暂时减少其他非必要支出，或者寻找额外的收入来源来弥补这一差额。务必按时还款，避免产生过高的利息和导致信用记录受损。

3. 建立紧急储备金账户：在实现每月存款目标的同时，设立一个紧急储备金账户……

4. 跟踪支出：为了更好地控制花费，建议你记录每笔支出……

5. 定期评估：每个月月底，对自己的财务状况进行评估……

6. 增加收入来源：在合理控制支出的同时，寻找能增加收入的途径……

二、实用方法

我们在用 GPT 做财务规划时，可以参考如下步骤。

（1）**明确需求**：在向 GPT 提问时，要明确自己想要解决的财务问题类型，例如贷款、投资、税务规划等。

（2）**提供详细信息**：为了得到更准确的答案，尽量向 GPT 提供详细的背景信息，如当前财务状况、风险承受能力、期望的目标等。

（3）**持续追问**：得到答案后，注意评估答案是否具有可操作性，是否适合或能够满足自己的需求，我们还可以通过进一步向 GPT 提问以获取更多信息。

三、常见模板

实际应用中，我们可以结合财务规划的实际需要向 GPT 提出需求或问题，常见的各类场景、句式、关键词模板如下。

场景 1：财务规划与建议

句式："我目前的财务状况是背景信息，请根据我的财务状况和目标，为我提供一些建议。"

场景 2：财富传承与规划

句式："我当前的情况是背景信息，我想为家庭成员制订财富传承规划，有哪些需要注意的事项？"

场景 3：投资策略调整

句式："我当前的投资策略为投资策略详情，当前的问题是问题详情，我的期望是目标，请给出调整建议。"

场景 4：退休规划

句式："我今年年龄，希望在年龄退休，我的现有资产和收入状况是信息，我期望退休后目标，请给我一些建议。"

场景 5：保险规划

句式："请根据我的家庭状况和收入水平，推荐适合我的保险产品。"

四、注意事项

我们在应用 GPT 询问财务规划建议时，要特别注意如下 4 点。

（1）**仅供参考**：GPT 提供的建议仅供参考，不建议直接应用。

（2）**咨询专家**：应用 GPT 提供的建议时应结合个人实际情况并咨询专业人士。

（3）**合法合规**：利用 GPT 进行财务规划时，请确保遵守相关法规，合法合规地进行操作。

（4）**信息边界**：了解 GPT 的知识边界和局限性，如遇到超出其知识范围的问题，则应当寻求专业人士的帮助。

5.3 创业指导：让 GPT 促进创业成功

GPT 可以为创业者提供关于市场调查、产品设计、团队建设、融资策略等方面的指导。利用 GPT 可以为创业计划提供有价值的指导，提高创业成功的概率。

一、情景再现

【错误示范】

提问 怎样才能创业成功？

回答 创业需要考虑很多因素，如市场需求、竞争对手情况、资金来源等。你可以先进行市场调查，明确需求，然后制订商业计划书……

【正确示范】

提问 我计划创办一家健康食品公司，有哪些关键步骤需要注意？

回答 创办一家健康食品公司，你需要关注以下几个关键步骤。

1.市场调查：了解目标市场、竞争对手和潜在客户的需求。

2.产品设计：根据市场调查结果，设计独特且具有竞争力的产品。

…………

正确示范明确了需求背景和具体问题，因此GPT给出了详细且实用的建议，避免了通用的、笼统的答案。

二、实用方法

我们在使用GPT做创业指导时，可以参考如下步骤。

（1）明确需求：确定具体的创业方向，说明自己的目标市场等关键信息。

（2）提供背景：为GPT提供足够的创业背景信息，如行业、产品类型、目标受众等。

（3）划分问题领域：将创业过程中的问题分为市场调查、产品设计、团队建设、融资策略等领域，分别提问。

（4）关注细节：在向GPT提问时，关注具体的实施细节，以获得更实用的建议。

三、常见模板

实际应用中，我们可以针对创业的不同环节向 GPT 提出需求或问题，常见的各类场景、句式、关键词模板如下。

场景 1：市场调查

句式："我计划在行业创业，需要了解目标市场的需求，以及竞争对手的情况，请给我一些建议。"

场景 2：产品设计

句式："为了满足目标市场的需求，我计划设计一款产品类型，请提供一些建议。"

场景 3：团队建设

句式："我需要组建一个公司类型的团队，负责职责，请告诉我如何选拔和培养合适的人才。"

场景 4：融资策略

句式："我是基本信息，我正在寻求融资金额的融资，以支持我的行业创业计划，请给我一些建议。"

场景 5：运营管理

句式："我正在创立一家行业公司，需要优化运营环节，请给我一些建议。"

场景 6：合法合规

句式："我在国家地区，在行业创业过程中，我需要注意哪些法律法规问题？"

场景7：估值与定价

句式："我计划推出一款<u>产品类型</u>，需要确定其<u>定价策略</u>，目前市场上常见的定价策略是<u>信息</u>，请给我一些建议。"

场景8：寻找合作伙伴

句式："我正在做<u>项目</u>创业，需要在<u>行业</u>寻找合作伙伴，以实现<u>合作目标</u>，请给我一些建议。"

场景9：创业风险评估

句式："我计划在<u>行业</u>创业，需要评估潜在的<u>风险类型</u>，请提供一些建议。"

四、注意事项

我们在应用 GPT 做创业指导时，要特别注意如下 3 点。

（1）**不能盲从**：GPT 提供的关于创业的所有建议只能作为参考，不能盲目相信。

（2）**时效性**：GPT 的知识库有时效性，要注意核实其提供的信息是否是最新的。

（3）**结合实际**：在应用 GPT 的建议时，要注意结合自身实际情况和市场环境，适当调整和优化。

5.4　营销策略：用 GPT 提高产品销量

企业要在激烈的市场竞争中取得优势，营销策略变得越来越重要。使用 GPT 作为辅助工具制订营销策略，可以帮助企业更加精准地锁定目标受众，提高销售转化率，从而在激烈的市场竞争中立于不败之地。

一、情景再现

【错误示范】

提问 如何提高产品销量？

回答 提高产品销量的方法有很多，例如优化产品定价、加强品牌营销、拓展销售渠道等。但具体实施时，需要结合您所在的行业和目标受众进行分析……

【正确示范】

提问 我正在经营线上女装品牌，主打时尚、舒适的产品。请提供一套适合我的品牌的营销策略，以提高产品销量。

回答 针对您的线上女装品牌，您可以尝试以下营销策略。

1. 利用社交媒体平台，例如微博、抖音等，进行内容营销，吸引目标受众关注品牌。

2. 与时尚博主和意见领袖合作，推出联名款产品，以提高品牌曝光度和口碑。

3. 设立会员制度，鼓励消费者积累积分，以提高其复购率……

关于如何提高产品销量，宽泛的提问得到的回答往往没有效果。正确示范介绍了背景，提供了具体的行业（线上女装品牌）和品牌风格（品牌主打时尚、舒适的产品），因此 GPT 给出了更有针对性的建议。

二、实用方法

我们在使用 GPT 制订营销策略时，可以参考如下步骤。

（1）**明确需求**：确定具体需要撰写的品牌文案类型，如品牌口号、品牌故事等。

（2）**提供背景信息**：包括行业、产品特点、目标受众等，以便 GPT 更好地理解需求。

（3）**设定目标**：明确要实现的营销目标，例如提高品牌知名度、增加产品销量等。

（4）**指定营销渠道**：选择适合品牌的营销渠道，如微博、抖音、小红书等。

（5）**关注实施细节**：在实施营销策略时，关注具体的实施细节，例如预算、时间节点等。

三、常见模板

实际应用中，我们可以针对营销策略的不同方面向 GPT 提出需求或问题，常见的各类场景、句式、关键词模板如下。

场景 1：制订内容营销策略

句式："我在行业经营一家品牌，品牌名为品牌名，我们的重点产品特征是产品特征，需要制订一套适合目标受众的内容营销策略，请给我一些建议。"

场景 2：与意见领袖合作

句式："我是基本情况，希望与行业内的意见领袖合作，以提高产品名称的知名度，请提供一些建议。"

场景3：优化产品定价策略

句式："我们的产品类型目前的定价策略是现有定价策略，如何优化以提高销量？"

场景4：拓宽销售渠道

句式："我希望拓宽产品类型的销售渠道，现有的渠道包括现有渠道，请给我一些建议。"

场景5：提高客户满意度

句式："产品名称的特征是产品特征，为了提高产品名称的客户满意度，让客户体验到目标，我们应该从哪些方面进行改进？"

场景6：制订会员营销策略

句式："我想为品牌名称设计一套会员营销策略，产品是产品信息，以提高客户忠诚度，达到效果，请给我一些建议。"

场景7：组织线上活动

句式："我打算为产品名称举办一个线上活动，该产品的特征是产品特征，为提高品牌曝光度，达到效果，请给我一些建议。"

场景8：制订广告策略

句式："我想制订一套关于品牌名称的广告策略以提高品牌知名度，产品是产品信息，请给我一些建议。"

场景9：产品包装设计

句式："为了吸引更多客户购买产品，我需要优化产品包装设计，当前的设计风格是信息，请给我一些建议。"

场景 10：提高复购率

句式："我在经营一种产品，当前的情况是信息，目前我对该产品的复购率不满意，我该如何提高复购率，请给我一些建议。"

四、注意事项

我们在应用 GPT 制订营销策略时，要特别注意如下 4 点。

（1）**产品特性**：要向 GPT 提供具体的、详细的背景信息，让 GPT 能够给出更有针对性的建议。

（2）**关注数据**：要充分挖掘和利用数据，为 GPT 提供足够的数据，用数据分析的结果说话，而不是凭感觉。

（3）**法律规范**：营销策略要遵循法律法规、行业规范和公序良俗，避免产生负面影响。

（4）**多次尝试**：向 GPT 提问时，要保持耐心、持续引导、不断调整，不要期望 GPT 能立即给出我们想要的答案。

5.5 管理辅导：借 GPT 来突破管理瓶颈

现代管理面临着越来越复杂的挑战，管理者需要在不断变化的环境中迅速做出正确决策。然而，面对困境时，他们常常感到孤立无援，不知道该如何解决问题。而无论是人员管理、战略规划还是危机管理，GPT 都可以提供实用的建议和解决方案，帮助管理者理解和应对管理挑战。

一、情景再现

【错误示范】

提问 如何提高销售额?

回答 要提高销售额,可以考虑以下几个方面:优化产品定价策略、拓宽销售渠道、提高客户满意度、制订会员营销策略……

【正确示范】

提问 我正在经营一家餐厅,目前面临客源不足的问题。请给我一些建议,帮助我提高销售额。

回答 您可以尝试以下策略来提高销售额。

1.优化菜品口味和质量,提高客户满意度。

2.加强线上线下宣传,提高品牌知名度。

3.与外卖平台合作,拓展外卖业务。

…………

错误示范中的提问没有提供关于产品类型、目标客户等的具体信息,从而使 GPT 的回答显得空洞和笼统;而正确示范中的提问明确了需求,提供了行业背景(餐饮行业)和具体问题(客源不足)。这使 GPT 给出了更能解决实际问题的建议。

二、实用方法

我们在使用 GPT 做管理辅导时,可以参考如下步骤。

(1)明确需求:确定需要解决的具体经营管理问题,例如提高销售额、降低成本、优化人力资源配置等。

(2)提供背景信息:向 GPT 提供关于行业、公司规模、目标受众等详细信息,以便 GPT 给出更有针对性的建议。

(3)设定目标:明确希望通过 GPT 解决的具体问题和达到的预期效果。

(4)指定应用场景:根据实际需求,选择合适的应用场景模板,提高问题的针对性。

(5)关注实施细节:在得到 GPT 的建议后,关注实施过程中的具体细节。

三、常见模板

实际应用中,我们可以根据不同的经营管理场景向 GPT 提出需求或问题,常见的各类场景、句式、关键词模板如下。

场景 1:提高销售额

句式:"我正在经营一家行业公司,主要产品是产品,目前销售额不理想,请给我一些建议,帮助我提高销售额。"

场景 2:优化人力资源配置

句式:"如何在行业中优化人力资源配置以提高岗位人员的工作效率?"

场景 3:提升客户满意度

句式:"我们的主营业务是业务类型,主要产品是产品类型,针对问题,如何提升客户满意度?"

场景 4:改进供应链管理模式

句式:"我们所在的行业是行业类型,当前的问题是问题类型,期望达到的目标是目标,如何改进供应链管理模式?"

场景5：提高团队协作效率

句式："我的团队一共有<u>人数</u>，他们的姓名和性格特质分别是<u>姓名+个性</u>，当前的问题是<u>问题类型</u>，请给我一些建议，以提高团队协作效率。"

场景6：分析竞争对手

句式："我的品牌是<u>品牌名</u>，请帮我分析行业内存在哪些潜在的竞争对手，以及请分析我应当如何在<u>行业</u>中取得竞争优势、避免竞争劣势。"

场景7：解决管理难题

句式："我们目前面临<u>管理难题</u>，具体情况是<u>背景信息</u>，请给出解决方案。"

四、注意事项

我们在应用 GPT 做管理辅导时，要特别注意如下 3 点。

（1）**提供足够的信息**：在不同的工作环境下，想要做好经营管理工作也需要有不同的策略，向 GPT 提供足够的背景信息，有助于 GPT 输出有用的答案。

（2）**谨慎对待**：GPT 提供的建议仅供参考，实际操作中还需结合公司具体情况做调整。

（3）**注意保密**：在向 GPT 提问时，注意保护公司和个人的隐私信息，避免泄露敏感信息。

5.6　成本管控：GPT 助力降本增效

成本管控是企业能否成功的关键影响因素之一。然而，如何在保证质量的前提下控制成本一直是个难题。GPT 不仅可以通过数据分析提供成本分析和预测结果，帮助企业更好地了解其成本结构和成本驱动因素，还可以提供针对性的降本建议，包括如何优化生产流程、降低采购成本、提高人员工作效率等，从而帮助企业在成本管控方面实现降本增效的目标，提高竞争力和盈利能力。

一、情景再现

【错误示范】

提问　如何节省企业的成本？

回答　为企业节省成本的方法有很多，例如减少开支、提高生产效率、优化资源配置……

【正确示范】

提问　我在经营一家年销售额为 × 元，规模为 × 人的服装公司，如何在原材料采购和人力资源方面降低成本？

回答　在原材料采购方面，您可以考虑以下策略：与供应商谈判以获得更优惠的价格……在人力资源方面，您可以尝试优化招聘流程……

正确示范中的提问更具体，包含了公司规模、行业和关注领域等，使 GPT 能够提供有针对性的建议。

二、实用方法

我们在使用 GPT 进行成本管控时，可以参考如下步骤。

（1）明确需求：确定具体想要在哪些方面节省成本，如原材料、人力资源、运营等。

（2）提供背景信息：说明公司规模、所处行业、当前成本状况等，以便 GPT 给出更合适的建议。

（3）设定目标：设定合理的成本节约目标，使 GPT 的建议更具可操作性。

（4）指定应用场景：描述具体场景，如采购、生产、销售等，以便 GPT 根据场景提供解决方案。

三、常见模板

实际应用中，我们可以根据成本管控的不同场景向 GPT 提出需求或问题，常见的各类场景、句式、关键词模板如下。

场景 1：降低原材料成本

句式："我们所在的行业是行业类型，当前的原材料成本情况是数据信息，而主要竞争对手的原材料成本情况是数据信息，我们该如何降低原材料成本？"

场景 2：优化人力资源配置

句式："我们属于行业，当前的人力资源状况是具体信息，如何优化人力资源配置？"

场景 3：提高生产效率

句式："我们是一家公司信息，生产环节是具体情况，当前在生产效率方面存在具体问题。请给我一些建议，以提高生产效率。"

场景4：优化库存管理

句式："我们的产品是产品类型，我们的经营状况是经营情况，当前的库存情况是库存状况，如何优化库存管理以降低库存成本？"

场景5：降低营销成本

句式："我们的产品是产品情况，目标市场是目标市场情况。今年数字月的营销成本是数据信息，去年同期的营销成本是数据信息。请给我一些关于降低营销成本的建议。"

场景6：降低研发成本

句式："我们所在的行业是行业情况，当前的研发成本为数据信息，期望达到目标，如何在保持创新的前提下，降低研发成本？"

场景7：降低物流成本

句式："我们所在的行业是行业情况，当前的物流成本是数据信息，期望达到目标，请为我提供降低物流成本的策略。"

四、注意事项

我们在应用GPT进行成本管控时，要特别注意如下3点。

（1）**效益和效率**：比降低成本更重要的，是提高效益和效率。

（2）**循序渐进**：降低成本要循序渐进，盲目降低成本有可能影响当前的经营业绩。

（3）**投资回报**：降低成本不是目的，提高投资回报率才是关键。

5.7 风险管控：把 GPT 变成"风控管家"

风险管控是企业经营中不可忽视的因素。然而，风险管控需要管理者具备丰富的经验和专业的知识，这对于很多管理者来说是个挑战。GPT 可以帮助管理者更加精准地制订风险管控策略，更好地应对各种风险和挑战，保障经营的稳定性和可持续性。同时，个人也可以利用 GPT 管控自身存在的财务风险。

一、情景再现

【错误示范】

提问 风险管控要注意什么？

回答 风险管控需要注意以下几点。

1. 明确风险管控目标。

2. 建立风险管控体系。

3. 制订风险管控策略。

4. 定期进行风险评估和监控。

5. 及时应对风险事件。

…………

【正确示范】

提问 ……以上是我的个人投资情况，请根据我的个人投资组合特点，为我提供个人财富风险管控的策略。

回答 针对您的投资组合，您可以采取以下风险管控策略。

1.分散投资：确保资产的多样化，降低单一资产的风险。

2.定期评估投资组合：根据市场情况调整投资比例，确保投资组合的平衡。

3.监控市场风险：关注市场动态，分析各类资产的风险敏感度，以便及时应对。

…………

正确示范交代了背景，向GPT提供了足够的数据信息，明确了问题的具体范围和需求，使GPT能更精准地解决实际问题。

二、实用方法

我们在使用GPT进行风险管控时，可以参考如下步骤。

（1）**明确需求**：明确我们在风险管控方面的具体需求，例如究竟是个人财富风险管控，还是企业经营风险管控。

（2）**提供背景信息**：提供关于个人或企业的相关背景信息，例如投资组合、行业、公司规模等，以便GPT给出更有针对性的建议。

（3）**选择场景**：根据需求，选择合适的应用场景模板，调整句式和关键词。

三、常见模板

实际应用中，我们可以根据风险管控的不同场景向GPT提出需求或问题，常见的各类场景、句式、关键词模板如下。

场景1：个人财富风险管控

句式："我的收入情况是数据信息，请根据我的风险承受能力和投资组合详情，为我提供个人财富风险管控策略。"

场景 2：企业经营风险管控

句式："针对行业，常用的风险评估方法有哪些？主要风险因素及应对策略是什么？如何进行风险管控以保障企业利益？"

场景 3：金融产品风险分析

句式："我是个人情况，目前关注了几种金融产品，请分别分析其优缺点和风险特点，并分析是否适合我。"

场景 4：企业财务风险分析

句式："……以上是 × 公司的财务报表，请分析其中潜在的财务风险。"

场景 5：风险防范措施

句式："我的情况是信息，当前面临的风险是风险类型，请给出有效的风险防范措施。"

四、注意事项

我们在应用 GPT 进行风险管控时，要特别注意如下 3 点。

（1）**关注法律法规**：在涉及法律法规的风险管控问题时，务必关注相关法律法规的规定，遵循合规原则。

（2）**关注市场动态**：风险管控是一个动态的过程，我们需要持续关注市场动态和行业趋势，以调整相关策略。

（3）**结合实际情况**：GPT 的回答仅供参考，我们要结合实际情况进行思考、判断和应用。

第 6 章
GPT 辅助文案写作

———

　　文案写作已经成为许多人工作、学习和生活中不可或缺的一部分。高质量的文案不仅能有效传递信息，还能提升品牌形象、吸引消费者、激发消费者的购买欲望、提升经营业绩。然而，编写出色的文案并非易事，需要长时间的实践和积累。GPT 能够帮助我们快速提高文案写作水平，轻松应对各种文案写作场景。

6.1 文案策略：不同行业的文案应该怎么写

在当下竞争激烈的市场环境中，文案策略对于各个行业的品牌推广和产品销售都具有至关重要的作用。要想在各行业中脱颖而出，就需要根据不同行业的特点制订相应的文案策略。下文提供几个具体行业的文案策略。

1. 电子商务行业

电子商务行业的竞争尤为激烈，因此文案需要有针对性地突出产品优势，激发消费者的购买欲望，主要策略如下。

（1）强调产品优势：通过列举产品特点、性能、使用场景等方面的信息，凸显产品的优势，使消费者信服。

（2）开展促销活动：通过折扣、优惠券等手段，激发消费者的购买欲望。

（3）结合用户评价：展示真实的用户评价，增强消费者的信任感。

2. 餐饮行业

餐饮行业的文案应该突出口感、环境和服务，主要策略如下。

（1）美食呈现：通过图片、文字、视频等形式呈现美食。

（2）营造氛围：强调餐厅的用餐环境和氛围，宣传舒适、优雅的用餐体验。

（3）服务宣传：展示餐厅的服务特色，树立良好的服务形象。

（4）促销活动：提供特价菜品、套餐等优惠活动，吸引消费者光顾。

3. 旅游行业

旅游行业的文案需要展现目的地的魅力、行程安排的合理性以及服务的贴心性，主要策略如下。

（1）**目的地介绍**：通过图片、文字、视频等形式展示目的地的自然风光、人文景观等特色，吸引游客前来旅游。

（2）**行程安排**：详细介绍行程安排，让游客了解行程的合理性和丰富程度。

（3）**服务保障**：强调服务质量和保障措施，增强游客的信任感。

（4）**优惠政策**：提供旅游套餐、团购等活动，吸引游客购买。

4. 金融行业

金融行业的文案需要体现专业性、安全性和收益性，主要策略如下。

（1）**产品特点**：详细介绍金融产品的设计理念、收益预期等特点，展现金融产品的专业性。

（2）**安全保障**：强调金融机构的资质、风控能力等方面的信息，提升消费者对产品安全性的信任度。

（3）**成功案例**：展示成功的投资案例，证明金融产品的收益性。

（4）**专业指导**：提供专业的投资建议和指导，帮助消费者了解市场和产品。

5. 培训行业

培训行业需要建立良好的口碑，通过文案传递专业、高效、贴心的形象，主要策略如下。

（1）**凸显教育理念**：强调培训理念，树立专业、高效的形象。

（2）展示师资力量：通过介绍师资背景、教学成果等方面的信息，增强消费者的信心。

（3）成功案例：展示学员成功案例，证明教学成果。

（4）课程体验：提供免费试听课程，让消费者亲身体验课程质量。

要想有效地向 GPT 提出需求和问题，让 GPT 生成自己需要的文案，需要注意以下 6 点。

1. 深入了解目标受众

制订文案策略前，要深入了解目标受众的需求、兴趣和习惯，以便更精准地传递信息。

2. 言简意赅

无论哪个行业，都要避免冗长的文字描述，尽量用简练、有力的语言表达，让消费者快速抓住重点信息。

3. 与时俱进

随着市场环境和消费者需求的变化，文案策略也需要不断调整，以适应市场变化。

4. 注重创意

在文案策略中融入新颖独特的创意，有助于提升品牌形象，吸引消费者关注。

5. 营造情感共鸣

情感化的文案更容易打动消费者，因此要注意在文案中融入情感元素，营造情感共鸣。

6. 结合多种传播渠道

利用各种传播渠道，如社交媒体、短视频平台等，将文案有效传播给更多消费者。

采用以上策略，不仅可以提升各行业的品牌知名度和产品销量，还能更好地满足消费者需求，为企业创造更大的价值。

6.2　销售文案：借 GPT 明确产品卖点，提供 ▶▶▶　购买理由

优秀的销售文案能够有效抓住消费者的痛点，强调产品或服务的卖点，从而促成交易。我们可以利用 GPT 撰写销售文案，为消费者提供购买理由，提升销售业绩。

一、情景再现

【错误示范】

提问　写一份关于运动鞋的销售文案。

回答　这是我们为你精心打造的一款跑步鞋，完美融合了时尚与科技。我们的设计师和工程师合作研发了这款鞋，它可以为你提供绝佳的跑步体验。现在就让这双鞋成为你跑步路上的好伙伴吧！

【正确示范】

提问　请为一款目标受众为年轻人的时尚运动鞋创作一段 100 字以内的销售文案，突出产品轻便、舒适和时尚的特点。

回答　（品牌名）新款时尚运动鞋，轻盈如翼，展现时尚魅力！脚下的风，让你畅享运动时光，释放青春活力，成为潮流领跑者！

正确示范中的提问明确了产品类型、目标受众以及产品特点，从而使 GPT 能够生成满足需求的销售文案。

二、实用方法

我们在用 GPT 创作销售文案时，可以参考如下步骤。

（1）**明确需求**：确定具体需要撰写的销售文案类型，如产品介绍、广告语等，也可以说明销售文案的展示方式。

（2）**提供关键信息**：包括产品类型、目标受众、产品特点等。

（3）**限定字数**：如果有字数要求，在提问时明确指出。

（4）**多次尝试**：如果生成的文案未能满足需求，可以尝试多次提问，适当调整问题表述。

三、常见模板

实际应用中，我们可以结合销售文案的不同应用场景向 GPT 提出需求或问题，常见的各类场景、句式、关键词模板如下。

场景 1：产品介绍

句式："请为产品名称撰写一段数字字以内的产品介绍文案，强调产品特点。"

场景 2：广告语

句式："请为产品名称创作一句引人注目的广告语，要给人感觉，突出产品特点。"

场景 3：社交媒体营销

句式："请为产品名称在社交媒体平台发布的广告创作一条吸

引人的文案，这个社交媒体平台的受众主要是受众，特点是特点。"

场景 4：促销活动

句式："请为产品名称的促销活动设计一条具有吸引力的宣传语，强调折扣幅度和活动时间。"

场景 5：客户评价

句式："请根据客户评价为产品名称编写一段数字字以内的客户评价摘要。"

场景 6：产品对比

句式："请比较产品名称 1 和产品名称 2 的优缺点，以便客户做出购买决策。"

场景 7：电子邮件营销

句式："请为产品名称创作一封引人入胜的营销邮件，字数为字数要求，目标受众是受众。"

四、注意事项

我们在应用 GPT 辅助写作销售文案时，要注意如下 3 点。

（1）**多种方案**：可以从一开始就让 GPT 生成多个版本的方案，以供我们比较选择。

（2）**检查修改**：生成的文案可能不完全符合我们的需求，我们需要在使用前进行检查和修改。

（3）**注意保密**：在向 GPT 提问时，注意保护个人隐私和商业机密，避免泄露敏感信息。

6.3 品牌宣传文案：用 GPT 展示品牌形象，
▶▶▶ 促进品牌传播

好的品牌宣传文案不仅能让目标受众对品牌产生积极正面的印象，而且能促进品牌传播。GPT 可以协助我们创作品牌口号、品牌故事等品牌文案，提高品牌文案的质量，提升品牌形象和品牌传播效果，扩大品牌影响力。

一、情景再现

【错误示范】

提问 我需要一篇关于环保公司的品牌文案。

回答 保护地球，从我们做起。

我们是一家致力于环保事业的公司，环保是我们的责任……

选择我们，选择环保。让我们携手共建一个更加美好、健康和可持续的世界！

【正确示范】

提问 我正在为一家专注于环保家居用品的初创公司撰写品牌文案。该公司的目标受众是 25 ～ 45 岁的环保意识较强的人。请帮我生成一个品牌口号和一段品牌故事。

回答 1.品牌口号：绿色家居，守护美好生活每一刻。

2.品牌故事：我们公司立志将环保理念融入家居用品，通过提供绿色、低碳、可持续的家居用品，让人们在享受舒适生活的同时，也为环保做出贡献。

…………

正确示范中的提问提供了详细的品牌背景信息（专注于环保家居用品的初创公司）、目标受众（25～45岁的环保意识较强的人）和需求（一个品牌口号和一段品牌故事），使GPT能够给出满足需求的答案。

二、实用方法

我们在用GPT创作品牌向文案时，可以参考如下步骤。

（1）明确需求：确定具体需要撰写的品牌文案类型，如品牌口号、品牌故事等。

（2）提供背景：告诉GPT品牌定位、目标受众、行业特点等相关信息。

（3）用词准确：使用专业术语和行业内通用的词语与GPT沟通，增强文案的专业性。

（4）指导创意：为GPT提供创意指引，如故事主题、情感基调等。

三、常见模板

实际应用中，我们可以结合品牌文案的不同应用场景向GPT提出需求或问题，常见的各类场景、句式、关键词模板如下。

场景1：生成品牌口号

句式："请为行业的产品/服务创作一个具有特点的品牌口号，品牌背景是信息。"

场景 2：撰写品牌故事

句式："请根据品牌背景、品牌定位、目标受众为品牌名称撰写一段品牌故事。"

场景 3：优化现有文案

句式："请帮我优化以下品牌文案，使其更具说服力和吸引力：原文案内容。"

场景 4：制订品牌传播策略

句式："请为品牌名称制订目标受众为目标受众的品牌传播策略，以提高品牌知名度。"

场景 5：撰写品牌形象描述

句式："请为品牌名称撰写简洁且具有代表性的品牌形象描述，品牌背景是信息。"

场景 6：设计品牌活动方案

句式："请为品牌名称设计一个目标为活动目标的品牌活动方案。"

场景 7：制订品牌内容策略

句式："请为品牌名称制订时长为时间周期的品牌内容策略，以提升品牌影响力。"

四、注意事项

我们在应用 GPT 辅助写作品牌文案时，要注意如下 5 点。

（1）循序渐进：分阶段提问，逐步引导 GPT 生成完整的品牌文案。

（2）**符合形象**：确保 GPT 生成的品牌文案符合品牌调性，避免其与品牌形象产生冲突。

（3）**重视优化**：对 GPT 生成的品牌文案进行多次优化，确保品牌文案质量。

（4）**知识产权**：尊重知识产权，避免侵权。

（5）**注意审核**：在正式使用品牌文案前，最好征求相关人员的意见和建议，确保品牌文案符合品牌需求和目标受众喜好。

6.4 活动策划文案：GPT 助力抓人眼球，提升活动吸引力

在活动策划和推广中，活动策划文案是提升活动吸引力和塑造活动形象的重要手段。而编写一份优质的活动策划文案需要具备一定的文案撰写能力和市场敏锐度。GPT 可以根据活动主题、目标受众和市场环境，生成具有针对性的文案，包括宣传语、活动介绍、活动安排等方面的内容。GPT 还可以提供文案撰写技巧和建议。

一、情景再现

【错误示范】

提问 请为新品发布会写一份活动宣传文案。

回答 尊敬的各位用户和合作伙伴：

我们非常高兴地宣布，×××公司即将推出一款全新的产品……

在本次发布会上，您将有机会第一时间了解这款新产品的特点

和性能，并与业界专家和其他用户交流使用体验……

此外，我们还将在发布会上进行幸运抽奖活动……

这是一个难得的与业界专家和其他用户互动的机会，您将能够结识行业内的重要人物和其他热爱科技的用户……

时间……地点……

如果您有兴趣参加我们的新品发布会……

【正确示范】

提问　请为新品发布会活动撰写一份宣传文案，活动主题是"科技引领未来"，活动将于××年××月××日在上海举行，活动形式是"线上＋线下"，面向全球科技爱好者。

回答　"科技引领未来"××年新品发布会——迈向未来，共创辉煌！

1. 活动概述……

2. 活动主题……

3. "线上＋线下"同步直播……

4. 活动亮点：①前沿科技产品发布……②分享与交流……③互动体验区……④全球科技爱好者汇聚……

5. 报名方式：……

××年××月××日，让我们相约上海，共同开启"科技引领未来"的崭新篇章！在这里，您将感受到科技的无限魅力，见证未来的曙光！

正确示范提供了具体的活动信息，使GPT能撰写出更符合用户需求、更具有参考价值的活动文案。

二、实用方法

我们在用 GPT 创作活动文案时，可以参考如下步骤。

（1）**明确需求**：确定具体需要撰写的活动文案内容，包括活动主题、活动目的、活动时间、活动地点等。

（2）**提供背景信息**：提供活动的背景信息，包括活动主办方和协办方信息、活动亮点等，以增强活动的吸引力。

（3）**明确目标受众**：明确活动的目标受众，以便撰写更具针对性的文案。

（4）**选择文案风格**：根据活动类型，选择合适的文案风格，如正式、轻松、幽默等。

（5）**调整文案长度**：根据实际需要，调整文案的长度，以便在不同场合使用。

三、常见模板

实际应用中，我们可以结合活动文案的不同应用场景向 GPT 提出需求或问题，常见的各类场景、句式、关键词模板如下。

场景 1：新品发布会

句式："请为活动日期在活动地点举行的产品名称新品发布会撰写一份宣传文案，活动主题为活动主题，面向目标受众。"

场景 2：庆典活动

句式："请为公司名称举办的庆典主题活动撰写一份宣传文案，活动将于活动日期在活动地点举行，邀请目标受众参加。"

场景 3：促销活动

句式："请为公司名称的促销主题活动撰写一份宣传文案，活动将于活动日期在活动地点举行，面向目标受众，并介绍优惠信息。"

场景 4：公益活动

句式："请为公益组织名称举办的公益主题活动撰写一份宣传文案，活动将于活动日期在活动地点举行，旨在活动目的，欢迎目标受众参加。"

场景 5：线上活动

句式："请为公司名称举办的线上主题活动撰写一份宣传文案，活动将于活动日期在线上平台举行，面向目标受众。"

场景 6：竞赛活动

句式："请为公司名称举办的竞赛主题活动撰写一份宣传文案，活动将于活动日期在活动地点举行，面向目标受众，获胜者将获得奖励内容。"

场景 7：招聘活动

句式："请为公司名称举办的招聘主题活动撰写一份宣传文案，活动将于活动日期在活动地点举行，面向目标求职者提供职位类型等职位。"

场景 8：展览活动

句式："请为展览活动名称撰写一份宣传文案，活动将于展览日期在展览地点举行，展示展览主题相关作品，面向目标受众。"

场景 9：会议活动

句式："请为会议活动主题撰写一份宣传文案，会议将于会议日期在会议地点举行，邀请嘉宾名称等演讲嘉宾，面向目标受众。"

场景 10：培训活动

句式："请为品牌名称举办的培训主题活动撰写一份宣传文案，培训将于培训日期在培训地点举行，面向目标受众。"

四、注意事项

我们在应用 GPT 辅助写作活动文案时，要注意如下 4 点。

（1）**多次尝试**：为写出合适的活动文案，可以让 GPT 生成多个版本的文案，给自己更多的选择。

（2）**注意语言规范**：确保生成的活动文案符合语言规范，避免使用过于口语化或不适当的措辞，以免影响品牌形象。

（3）**关注文案逻辑**：确保生成的活动文案内容清晰、连贯，符合逻辑。

（4）**留意品牌形象**：在文案中保持品牌形象的一致性，提升品牌的辨识度。

6.5　新媒体文案：借 GPT 促进传播，产生口碑效应

新媒体已经成了人们获取和交流信息的主要渠道之一。为实现良好的传播效果和口碑效应，新媒体文案需要具备精准、生动、互动性强的特点。GPT 不仅可以快速生成符合我们要求的新媒体文

案，还可以为我们提供新媒体文案撰写技巧和建议。

一、情景再现

【错误示范】

提问 请帮我写一份关于儿童心理学的微博文案。

回答 儿童心理学是研究儿童心理发生、发展的特点及其规律的发展心理学分支。在孩子的成长过程中，我们不能只关注他们的身体健康，还需要关注他们的心理健康。了解儿童心理学，不仅可以帮助家长更好地了解自己的孩子，还能让家长为孩子的成长和发展提供更好的支持……

【正确示范】

提问 我是新浪微博上一名专注学前（6岁前）儿童教育领域的博主，新浪微博上有一个关于学前儿童教育的热门话题，请为我生成一份微博文案，用一个小故事说明道理，要求200字左右，有一定的可读性和互动性。

回答 小明是一个即将步入小学的孩子，他非常喜欢学习。但有一天，他对学习失去了兴趣。妈妈询问他原因，小明说："我在学前班被老师批评了，因为我在回答老师问题时，想到老师提问的那句古诗曾出现在一首歌的歌词里，于是我在课堂上唱歌了，因此被批评了，所以我不想再去上学了。"

…………

学前教育不仅仅是为了教孩子知识，更重要的是让孩子在快乐中成长。学习应该是快乐的，应该与游戏、互动和探索联系在一起。

希望我们的孩子在学前教育中可以获得快乐、信心和成功的经验。

在正确示范中，提问明确了新媒体平台、主题、目标、目标受众等关键信息，使 GPT 准确地理解了用户需求，生成了满足用户需求的新媒体文案。

二、实用方法

我们在用 GPT 创作新媒体文案时，可以参考如下步骤。

（1）明确需求：确定具体需要撰写的新媒体文案类型，如微信朋友圈文案、微信公众号文案、新浪微博文案、短视频文案等。

（2）明确主题：明确文案的主题，如职场心理健康、企业管理等，以便 GPT 生成相关内容。

（3）描述受众：说明目标受众的特点，帮助 GPT 为我们量身定制文案。

（4）设定目标：明确文案要达到的目标，如提高点击率、提高关注度等。

（5）提供关键信息：提供产品或活动的关键信息，如优惠详情、活动时间等。

三、常见模板

实际应用中，我们可以结合新媒体文案的不同应用场景向 GPT 提出需求或问题，常见的各类场景、句式、关键词模板如下。

场景 1：撰写微信朋友圈文案

句式："请帮我为产品名称的促销活动写一份微信朋友圈文案，

目标受众是目标受众，要达到目的，内容要求是具体要求。"

场景2：撰写微信公众号文案

句式："请帮我撰写一份关于主题的微信公众号文案，目标受众是目标受众，要达到目的，内容要求是具体要求。"

场景3：撰写新浪微博文案

句式："请帮我撰写一份关于主题的新浪微博文案，目标受众是目标受众，要达到目的，内容要求是具体要求。"

场景4：撰写短视频文案

句式："我想撰写一份关于主题的短视频文案，目标受众是目标受众，要达到目的，内容要求是具体要求，请提供创意和文字内容。"

场景5：撰写话题讨论文案

句式："请为主题撰写一份能引发热议的话题讨论文案，目标受众是目标受众，要达到目的，内容要求是具体要求。"

四、注意事项

我们在应用GPT辅助写作新媒体文案时，要注意如下3点。

（1）**了解目标受众**：向GPT提出需求前，先了解目标受众是谁，以及他们的兴趣和需求，以便更好地吸引他们。

（2）**贴近目标受众**：务必对GPT生成的新媒体文案进行审查和调整，确保文案贴近目标受众。

（3）**平台规则**：不同的新媒体平台可能有不同的规则，注意遵守各平台的规则，避免发布违规或敏感信息。

第 7 章
GPT 助力长文写作

长文写作对许多人来说都是一项极具挑战性的任务，需要投入大量的时间和精力去练习和思考才可能取得成效。借助GPT 的强大功能，我们将能够在演讲文稿、行业报告、工作报告、新闻稿件、故事和图书框架等方面快速写出高质量的长文内容。

7.1 演讲文稿: 用 GPT 提升演讲效果

要想在演讲中引起听众的注意并让他们对演讲内容感兴趣, 演讲者不仅需要具备一定的演讲技巧和经验, 还需要有优质的演讲文稿。GPT 可以帮助演讲者更好地准备和撰写演讲文稿, 提升演讲的效果和影响力, 让演讲者更加自信地面对各种演讲场合, 提升其个人形象, 促进其职业发展。

一、情景再现

【错误示范】

提问 请为我写一篇关于环境保护的演讲文稿。

回答 尊敬的各位领导、各位嘉宾, 亲爱的同学们:

大家好! 我今天的演讲题目是《让我们一起保护环境, 共建美好家园》。

随着现代社会的快速发展, 环境问题已经成为我们必须面对的一大挑战……

首先, 我们要重视环境教育, 提高人们的环保意识……

其次, 我们应该采取行动来保护环境……

最后, 我们要鼓励和支持环保组织, 并开展环保活动……

保护环境是我们所有人的责任, 更是我们所有人的义务。让我们一起行动起来, 共同保护我们的家园, 共建美好未来。谢谢大家!

【正确示范】

提问　我是一名软件工程师，想要参加公司举办的演讲比赛，演讲的时长是 5 分钟，演讲的主题是环境保护。请结合我的岗位工作和演讲主题，生成一篇字数为 1500 字左右的演讲文稿。内容要震撼人心、发人深省，让大家意识到保护环境的重要性。

回答　尊敬的各位评委、各位观众：

我是一名软件工程师，也是一个对环境保护问题非常关注的人……

作为软件工程师，我深刻认识到科技和环境之间的紧密联系……

近年来，环境问题已经成为全球范围内的头号挑战……

作为软件工程师，我们可以采取多种方式来保护环境。

首先，我们需要关注和控制资源消耗。例如，我们可以采用节能的服务器……其次，我们可以采用环保的软件开发方法，例如使用云计算来减少硬件资源的浪费……最后，我们可以使用环保的工具和设施，例如使用可持续的开发工具……

保护环境是我们每个人的责任。无论我们从事什么行业……

让我们一起行动起来，为我们的子孙后代留下更美好、可持续的世界。谢谢大家。

正确示范中的提问交代了演讲文稿的背景，从而让 GPT 生成的答案更有针对性。

二、实用方法

我们在用 GPT 写演讲文稿时，可以参考如下步骤。

（1）**明确需求**：确定具体需要撰写的演讲文稿的主题、目的和目标受众。

（2）**设定框架**：提供演讲文稿的基本结构，如开头、主题论述和结尾。

（3）**关注细节**：提出演讲中需要强调的关键信息和数据。

（4）**个性化要求**：指明需要的风格和语气，如正式、幽默或激情。

三、常见模板

实际应用中，我们可以结合演讲文稿的不同应用场景向 GPT 提出需求或问题，常见的各类场景、句式、关键词模板如下。

场景 1：演讲开头

句式："请为我写一个主题演讲的开头，目的是目的，目标受众是目标受众。"

场景 2：论点陈述

句式："请帮我陈述关于主题的数字个论点，并提供相关数据或例子做支持。"

场景 3：激发共鸣

句式："请为我写一段关于主题的感人故事或观点，以激发目标受众的共鸣。"

场景 4：演讲结尾

句式："请为我写一个关于主题演讲的结尾，要求强调要点，并提出行动建议。"

场景 5：转折

句式："请为我写一个关于主题的转折点，要求从现状引导到期望。"

场景 6：引用名言

句式："请为我提供一句与主题相关的名言或格言，要求是具体要求，用于强调要点。"

场景 7：数据支持

句式："请为我提供一些关于主题的关键数据和事实，要求是具体要求，以增强论点的说服力。"

场景 8：案例分析

句式："我是个人情况，要进行活动信息，请为我找一个与主题相关的成功或失败的案例，以便进行分析和讨论。"

场景 9：问题引导

句式："请为我提出一些关于主题的启发性问题，以引导目标受众进行思考。"

四、注意事项

我们在应用 GPT 撰写演讲文稿时，要注意如下 4 点。

（1）**注意长度**：GPT 生成的演讲文稿可能较长，请根据实际需要调整问题或要求，以控制演讲文稿长度。

（2）**适合自己**：GPT 可能并不能完全理解我们的处境，所以我们可以通过多次提问或修改演讲文稿的形式将演讲文稿调整为自己需要的。

（3）**核实事实和数据**：GPT生成的内容可能存在错误，在使用前注意核实相关事实和数据。

（4）**保持职业道德**：在使用GPT生成演讲文稿时，要遵守职业道德和法律法规，尊重他人的知识产权和隐私权。

7.2 行业报告：借GPT进行行业研究

行业报告是人们了解市场情况和行业趋势的重要途径。撰写行业报告需要进行大量的研究和数据分析，需要研究人员具备丰富的知识和经验。GPT可以分析大量的数据和文本，提高行业报告的质量和可靠性，从而帮助研究人员更加高效地撰写行业报告。

一、情景再现

【错误示范】

提问 请生成一份电动汽车行业的报告。

回答 ……报告概述：随着环境问题的日益严重和汽车技术的不断进步，电动汽车已成为未来汽车发展的主要趋势之一……

一、电动汽车行业的发展历程

自19世纪末期开始，电动汽车一直是汽车行业的重要组成部分……

二、电动汽车行业的现状

全球电动汽车销量增长迅速。从2010年至2020年，全球电动汽车销量……

三、电动汽车行业未来的发展

电动汽车销量将继续增长。根据市场研究机构的预测……

结论：电动汽车将在未来发挥越来越重要的作用……

【正确示范】

提问　我是文字类媒体平台的一个自媒体人，想写一份电动汽车行业的研究报告，主要目标受众是 30 ～ 50 岁的男性，报告内容主要包括目标受众可能感兴趣和好奇的方面。该报告需要分析行业现状、发展趋势、市场规模、行业主要参与者及其竞争策略，以及行业面临的机遇与挑战，同时要形成关于潜在消费者是否需要购买电动汽车的建议。

回答　标题：电动汽车行业洞察：为潜在消费者提供决策指南

摘要：本报告旨在为 30 ～ 50 岁的男性潜在消费者提供关于电动汽车行业的深入分析结果，包括……

1. 行业现状……

2. 发展趋势……

3. 市场规模……

4. 竞争策略……

5. 机遇与挑战……

6. 是否购买电动汽车的建议

根据以上分析，我们为 30 ～ 50 岁的男性潜在消费者提供以下建议。

①评估个人需求……

②比较各品牌产品……

③关注政策动态……

④考虑长期投资回报……

综上所述……

正确示范说明了报告的背景、目标受众和内容要求，让 GPT 输出的行业报告更有针对性。

二、实用方法

我们在用 GPT 写行业报告时，可以参考如下步骤。

（1）**明确需求**：确定具体需要撰写的行业报告类型，如市场分析报告、竞争分析报告等。

（2）**提供背景信息**：为 GPT 提供充足的关于行业背景、关注重点和数据来源等信息。

（3）**关注结构和逻辑**：确保报告结构清晰、逻辑严密，便于阅读和理解。

三、常见模板

实际应用中，我们可以结合行业报告的不同应用场景向 GPT 提出需求或问题，常见的各类场景、句式、关键词模板如下。

场景 1：行业现状分析

句式："请为我分析行业名称的现状，包括市场规模、市场规模增速和市场主要参与者。这类报告的目标受众是目标受众，要达到目标是目标。"

场景 2：发展趋势预测

句式："请预测行业名称在未来时间段内的发展趋势。"

场景 3：竞争对手分析

句式："请分析我在行业名称中的主要竞争对手及其竞争策略。"

场景 4：市场细分分析

句式："请分析行业名称的市场细分情况，包括各细分市场的规模和规模增速。"

场景 5：机会与挑战分析

句式："请为我分析行业名称面临的机会与挑战。"

场景 6：政策影响

句式："请梳理行业名称的相关政策，并分析这些政策对行业名称的影响。"

场景 7：关键技术发展趋势

句式："请为我总结行业名称在未来数字年的关键技术发展趋势。"

场景 8：消费者需求分析

句式："请分析行业名称中消费者需求的特点及变化。"

场景 9：行业 SWOT 分析

句式："请对行业名称进行 SWOT 分析。"

场景 10：行业风险评估

句式："请为我评估行业名称的潜在风险，并给出建议。"

四、注意事项

我们在应用 GPT 撰写行业报告时，要注意如下 3 点。

（1）**确保数据准确**：在使用 GPT 撰写行业报告时，关注数据的准确性，以保证报告内容的准确性。

（2）**注意时效性**：行业情况会随着时间的推移而发生变化，因此需要关注报告中信息的时效性。

（3）**保持客观中立**：在撰写行业报告时，尽量保持客观中立的态度，避免受个人观点和偏见的影响。

7.3 工作报告：让 GPT 做总结和汇报

撰写工作报告需要大量的时间和精力，总结和汇报工作成果，更需要职场人对工作有深入的理解和较强的分析能力。GPT 可以帮助职场人更加高效、精准、便捷地总结工作成果，提升工作效率和职场竞争力。

一、情景再现

【错误示范】

`提问` 请帮我生成一份销售部门本季度的工作报告。

`回答` …………

一、本季度销售业绩总体情况

本季度，销售部门共实现销售额 × × × 万元，同比增长 × ×……

二、本季度销售工作重点和成果

本季度，销售部门针对市场变化，采取了多项措施，取得了以下成果。

1. 市场营销工作成果显著……

2. 渠道建设成效显著……

3. 客户服务质量稳步提升……

三、下个季度销售工作展望

下个季度，销售部门将继续努力，以更高的热情和更实用的措施完成销售任务，取得更好的成绩。具体计划如下……

【正确示范】

提问 我是一个汽车销售部门的主管，这是我们这个季度的工作情况……请帮我生成一份销售部门本季度的工作报告，包括本季度完成的任务、本季度遇到的问题和解决方案，以及下个季度的工作计划。报告中说明本季度由于市场波动，我们没有完成销售任务，但下个季度我们一定会完成任务。

回答 …………

一、本季度完成的任务

1. 完成了新产品的上市推广活动……

2. 优化了客户服务流程，提升了客户满意度……

3. 深入分析了市场数据，找到了潜在客户群体……

4. 对销售团队进行了培训和指导……

二、本季度遇到的问题和解决方案

问题1：本季度由于市场波动，我们未能完成销售任务。

解决方案：我们已经针对市场波动进行了深入分析，发现主要原因在于……

问题2：销售团队未能覆盖某些区域。

解决方案：我们计划在下个季度对现有销售团队进行调整和扩充……

三、下个季度的工作计划

1. 制订下个季度的销售目标和策略……

2. 继续加大营销推广力度……

3. 持续提升客户体验……

4. 加强销售团队的管理与培训……

5. 对市场进行持续跟踪和分析……

6. 加强与合作伙伴的沟通与合作……

7. 鼓励创新……

正确示范中的提问提供了更详细的背景信息和细节要求，使GPT能够更好地理解用户需求，并给出更能让人满意的回答。

二、实用方法

我们在用GPT写工作报告时，可以参考如下步骤。

（1）**明确需求**：确定具体需要撰写的工作报告的主题、时间范围、工作内容等。

（2）**提供细节**：提供关键细节，如完成的任务、遇到的问题和解决方案等，让GPT能够生成具体内容。

（3）**明确格式**：描述报告的结构和格式，如分点、分段等，以便 GPT 生成符合要求的文本。

（4）模拟场景：模拟实际工作场景，以便 GPT 更好地理解我们的需求。

三、常见模板

实际应用中，我们可以结合工作报告的不同应用场景向 GPT 提出需求或问题，常见的各类场景、句式、关键词模板如下。

场景 1：工作总结

句式："我是个人情况，目前工作情况是基本信息，请帮我生成一份时间范围的部门名称工作总结，内容包括完成的任务、遇到的问题和解决方案。"

场景 2：项目进展报告

句式："我是个人情况，当前项目大致情况是基本信息，请为我撰写一份关于项目名称的进展报告，内容包括已完成的工作、未来的计划以及可能的风险。"

场景 3：年度业绩报告

句式："我是个人情况，今年的业绩情况是基本信息，请提供一份年度业绩报告，涉及营收、净利润、同比增长幅度等关键指标。"

场景 4：部门周报

句式："我是个人情况，这周工作的大致情况是基本信息，请为我生成部门名称上周的工作周报，内容包括完成的任务、遇到的问题及解决方案。"

场景 5: 会议纪要

句式:"基本信息,以上是我的会议的记录,请根据会议主题和参会人员为我生成一份会议纪要,内容包括会议的主要议题、达成的共识以及分配给参会人员的任务。"

场景 6: 员工绩效评估报告

句式:"基本信息,以上是员工在时间段的绩效情况,请提供一份绩效评估报告,内容包括对员工的工作成果、工作态度、团队协作情况等方面的评价。"

场景 7: 客户满意度调查报告

句式:"基本信息,以上是时间段客户满意度的调查结果,调查方式和过程为调查信息,请为我生成一份关于客户满意度的调查报告,内容包括调查结果、问题分析以及改进建议。"

四、注意事项

我们在应用 GPT 写工作报告时,要注意如下 3 点。

(1)足量信息:确保提供给 GPT 的信息完整且详细,以便生成更准确和更有针对性的报告。如果信息量不足,将生成泛泛而谈的报告。

(2)保护隐私:在与 GPT 交流时,注意不要泄露敏感信息,如个人隐私、公司机密等。

(3)及时反馈:使用过程中遇到问题或对回答不满意时,可以反馈给 GPT,也可以持续补充信息或追问,从而提升回答的质量。

7.4　新闻稿件：GPT 助力写出有影响力的新闻

　　GPT 可以分析大量的新闻数据和文本，从而更加精准地撰写引人关注的新闻稿件，让编辑更加高效地推出具有影响力的新闻报道，提高新闻报道的质量和可信度。此外，GPT 还可以协助进行新闻稿件改写，并提供新闻稿件的撰写技巧和建议。

一、情景再现

【错误示范】

　　提问　请为我写一篇关于科技公司 A 公司发布新手机产品 B 的新闻稿件。

　　回答　科技公司 A 公司今天宣布推出其最新手机产品 B，这是一款颠覆性的产品，可满足消费者的多种需求。

　　产品 B 的设计灵感来源于……

　　产品 B 旨在满足用户的多元化需求……

　　产品 B 将于近期上市……

【正确示范】

　　提问　请为我写一篇关于科技公司 A 公司发布新手机产品 B 的新闻稿件，这款产品采取了行业领先的全面折叠屏技术、人工智能技术……稿件要求涵盖以下要点：产品特点、发布会细节、市场预期。

　　回答　标题：A 公司发布采用全面折叠屏技术的新手机，市场

预期高涨

正文：A公司今日发布了一款采用行业领先的全面折叠屏技术的手机，将大屏幕与便携性完美结合，为消费者带来了极具竞争力的新选择……

A公司的新品发布会于今日在全球各大城市同步直播。A公司对这款产品感到非常自豪，并希望它能为用户带来极大的价值和乐趣……

根据市场分析，A公司此次发布的B手机是一款具有很大市场潜力的产品……

错误示范中的提问给出的信息量较少，而正确示范中的提问明确指出了新闻稿件的主题和要点，从而使GPT能够生成符合用户需求的新闻稿件。

二、实用方法

我们在用GPT写新闻稿件时，可以参考如下步骤。

（1）**明确需求**：确定新闻稿件的主题、类型（如时事、财经、科技等）以及要点。

（2）**提供背景信息**：提供新闻事件的背景信息和相关数据，以帮助GPT更好地理解事件的重要性和影响。

（3）**结构安排**：指导GPT按照新闻稿件的常见结构（导语、正文、结尾）进行撰写。

（4）**核实信息**：确保GPT生成的新闻稿件所提供的信息准确无误。

三、常见模板

我们可以结合新闻稿件的不同应用场景向 GPT 提出需求或问题，常见的各类场景、句式、关键词模板如下。

场景 1：撰写公司新闻稿

句式："请结合信息为我写一篇关于公司名称发布新产品 / 服务的新闻稿，内容包括产品 / 服务特点、发布会细节、市场预期。"

场景 2：撰写财经新闻稿

句式："请结合信息为我写一篇关于经济指标公布的财经新闻稿，内容包括指标数据、市场反应。"

场景 3：撰写科技新闻稿

句式："请结合信息为我写一篇关于科技公司发布新技术 / 产品的科技新闻稿，内容包括新技术 / 产品亮点、行业应用前景、市场竞争分析。"

场景 4：撰写社会新闻稿

句式："请结合信息为我写一篇关于社会事件的新闻稿，内容包括事件背景、相关数据、公众反应。"

场景 5：撰写体育新闻稿

句式："请结合信息为我写一篇关于运动员 / 团队在比赛项目中取得成绩的体育新闻稿，内容包括比赛过程、背后故事、未来展望。"

场景 6：撰写文化新闻稿

句式："请结合信息为我写一篇关于文化活动 / 节目的文化新闻

稿，内容包括文化活动 / 节目亮点、观众反馈、文化价值。"

场景 7: 撰写教育新闻稿

句式："请结合信息为我写一篇关于教育政策 / 活动的教育新闻稿，内容包括教育政策 / 活动目标、实施细节、受益人群。"

场景 8: 撰写环保新闻稿

句式："请结合信息为我写一篇关于环保项目 / 政策的环保新闻稿，内容包括环保项目 / 政策目标、实施方案、预期效果。"

场景 9: 撰写旅游新闻稿

句式："请结合信息为我写一篇关于旅游胜地 / 活动的旅游新闻稿，内容包括旅游胜地 / 活动特色、游客体验、旅游产业发展情况。"

四、注意事项

我们在应用 GPT 写新闻稿件时，要注意如下 3 点。

（1）**调整格式**：GPT 生成的新闻稿件可能不会完全符合专业新闻稿件的格式要求，我们需要对其格式进行调整。

（2）**充分调研**：虽然 GPT 能够提供有关新闻稿件的写作建议，但它无法替代新闻记者所拥有的经验和专业知识。在使用 GPT 生成新闻稿件时，要确保对其所涉及的事件和信息进行充分的研究和核实。

（3）**确保质量**：使用 GPT 生成新闻稿件时，切勿过于依赖其自动生成的内容。对于关键信息和观点，要进行充分思考和论证，以确保新闻稿件的质量。

7.5 故事：不同风格的故事可以这样生成

故事写作是一项需要创造力和想象力的工作。无论是科幻、悬疑、爱情还是幽默，每一种风格的故事都需要独特的创意和叙述方式。GPT 可以根据我们输入的主题、情节，生成不同风格的故事，还可以提供故事写作技巧和建议，帮助我们轻松写出故事。

一、情景再现

【错误示范】

提问　帮我写个科幻故事。

回答　在一个星际帝国中，有一支名为星际巡逻队的精英部队，他们的任务是保护星际帝国的安全……

【正确示范】

提问　请为我写一个科幻题材的故事，主要角色是一位宇航员，背景设定在外太空的一个废弃太空站，希望有紧张的氛围和出乎意料的结局，字数为 1000 字左右。

回答　在遥远的外太空，一个废弃的太空站孤零零地漂浮在星体与星体之间。宇航员杰克接到任务，需要前往这个太空站进行调查。他踏上太空站后，发现了令人震惊的秘密……

正确示范中的提问提供了详细的关于故事类型、主题、背景和角色的信息，使得 GPT 能够根据具体需求生成相应的故事。

二、实用方法

我们在用 GPT 进行故事写作时，可以参考如下步骤。

（1）**明确需求**：确定具体需要撰写的故事类型，如科幻、爱情、悬疑等。

（2）**设定背景**：为故事创建一个合适的背景，指明故事发生的时间、地点等。

（3）**设计角色**：为故事设计主要角色，包括设定主要角色的性格、外貌等特征。

（4）**规划情节**：根据故事类型和背景，设计吸引人的情节。

（5）**引入高潮**：设置高潮，使故事情节走向紧张和激烈。

（6）**创作结局**：根据故事类型和情节，设计一个精彩的结局。

三、常见模板

我们可以结合不同的故事写作场景向 GPT 提出需求或问题，常见的各类场景、句式、关键词模板如下。

场景 1：设定故事背景

句式："请为故事类型的故事设定一个背景描述的背景。"

场景 2：创建故事角色

句式："请为故事类型的故事创建一个角色特征的主要角色。"

场景 3：设计情节

句式："请为故事类型的故事设计一个关于主题的情节。"

场景 4：编写故事开头

句式："请为故事类型的故事创作一个引人入胜的开头。"

场景 5：设置故事高潮

句式："请为故事类型的故事设计紧张且激烈的高潮。"

场景 6：创作故事结局

句式："请为故事类型的故事编写一个结局特点的结局。"

场景 7：加入情感元素

句式："请在故事类型的故事中融入情感类型的元素。"

场景 8：设计角色互动

句式："请设计角色 A 与角色 B 在故事类型的故事中的互动。"

场景 9：调整故事节奏

句式："请为故事类型的故事调整节奏，使其在某一段落变得有节奏特点。"

场景 10：优化故事细节

句式："请为故事类型的故事优化需要优化的细节，优化的要求是具体要求。"

四、注意事项

我们在应用 GPT 进行故事写作时，要注意如下 3 点。

（1）**关注故事结构**：故事的结构非常关键，要确保故事具有合理的结构，包括起、承、转、合等部分，使故事更加完整和有趣。

（2）**注意篇幅控制**：根据实际需求，控制故事篇幅，避免故事过长或过短。

（3）**反复修改**：好故事是写出来的，更是修改出来的。在 GPT 生成的故事的基础上，根据需要进行反复修改，提升故事质量。

7.6 图书框架：用 GPT 生成内容提纲

撰写一本好书需要做好准备工作，其中最重要的一步就是制订图书框架。然而要想制订一份全面、系统的图书框架，需要具备丰富的专业知识和经验。GPT 不仅可以根据主题、目标读者和出版要求，生成具有针对性的图书框架，而且可以提供图书框架写作技巧和建议，帮助我们创作出高质量的图书。

一、情景再现

【错误示范】

提问 我想写一本关于管理的书，帮我生成一个目录吧。

回答 以下是关于管理的书的通用目录：

1. 管理概述

2. 管理理论

3. 管理方法和技巧

4. 团队管理

5. 项目管理

6. 人力资源管理

…………

【正确示范】

提问 我想写一本关于中小企业创新管理的书，目标受众是企业管理者，主要讨论如何通过创新管理提升企业竞争力。请帮我生成一份图书框架。

回答 以下是一份关于中小企业创新管理的图书框架。

引言：创新管理在中小企业中的重要性

…………

2. 创新管理理论与实践

2.1 创新管理的基本原理

2.2 创新管理的核心要素

2.3 创新管理的最佳实践

3. 中小企业创新管理策略

3.1 构建创新型企业文化

3.2 搭建创新管理平台

3.3 发掘企业内部创新资源

3.4 创新合作与外部资源整合

4. 创新管理实施与评估

4.1 制订创新管理目标与计划

4.2 跟踪创新项目进展

4.3 创新绩效评估与激励

…………

中小企业创新管理案例分析

结语：创新管理助力中小企业持续发展……

错误示范中的提问过于宽泛，没有明确图书的具体方向和内容。因此，GPT 只能给出一个通用的管理类图书目录。正确示范中的提问明确了图书的主题、目标受众和内容方向，使 GPT 能够生成一个更具体和更有针对性的图书框架。

二、实用方法

我们在用 GPT 生成图书框架时，可以参考如下步骤。

（1）**明确需求**：确定图书的主题、目标受众和内容方向，以便 GPT 生成更精准的图书框架。

（2）**提供关键信息**：向 GPT 提供关键信息，如图书类型、领域、写作目的等，以便生成令我们满意的图书框架。

（3）**分层次提问**：逐步提问，从大的方向到细节，这样可以帮助 GPT 生成更为详细和完整的图书框架。

（4）**结构性指导**：提供章和节的结构要求，以便 GPT 生成符合我们预期的图书框架。

三、常见模板

实际应用中，我们可以结合图书框架的不同应用场景向 GPT 提出需求或问题，常见的各类场景、句式、关键词模板如下。

场景 1：写作主题明确

句式："我想写一本关于主题的书，目标受众是目标受众，主要讨论内容方向。请帮我生成一份图书框架。"

场景 2：需要帮助确定写作方向

句式："我对领域很感兴趣，想写一本类型的书。请根据目标受众的需求，给我一些建议，并生成一份图书框架。"

场景 3：需要调整现有图书框架

句式："这是我为关于主题的书准备的图书框架，请根据目标受众和内容方向，帮我对其进行调整和完善。"

场景 4：需要分析和比较不同观点

句式："我想写一本关于主题的书，内容涉及观点 A 和观点 B 的对比分析。请帮我生成一份包含分析和对比相关内容的图书框架。"

场景 5：需要提供案例分析

句式："我想写一本关于主题的书，内容主要包含领域内的案例分析。请帮我生成一份包含案例分析的图书框架。"

场景 6：需要综合多方资料

句式："我想写一本关于主题的书，需要综合资料 A、资料 B 等多方资料。请帮我生成一份包含多方资料分析相关内容的图书框架。"

场景 7：需要突出实践操作性

句式："我想写一本关于主题的书，强调实践操作性。请帮我生成一份包含操作指南和技巧的图书框架。"

场景 8：需要论述前瞻性话题

句式："我想写一本关于主题的书，探讨未来发展趋势。请帮我生成一份包含前瞻性分析的图书框架。"

场景 9：需要跨学科研究

句式："我想写一本关于主题的书，涉及学科 A 和学科 B 的交叉研究。请帮我生成一份包含跨学科研究的图书框架。"

场景 10：需要展示个人观点

句式："我想写一本关于主题的书，表达我的观点。请帮我生成一份包含个人观点阐述的图书框架。"

四、注意事项

我们在应用 GPT 生成图书框架时，要注意如下 3 点。

（1）**多次尝试**：GPT 一次生成的内容也许不全面，可以尝试多次提问以获得满意的图书框架。

（2）**检查生成的内容**：在使用 GPT 生成的图书框架时，需要仔细检查其准确性和逻辑性，以确保其满足我们的需求。

（3）**人工审查和调整**：在使用 GPT 生成的图书框架时，需要根据实际需求进行人工审查和调整，以保证内容质量。

第 8 章
GPT 协助视频创作

　　视频已经成为人们获取信息、学习和娱乐的重要渠道。无论是短视频创作还是中长视频创作，都需要丰富的想象力、独特的创意以及精湛的拍摄和剪辑技术。GPT 可以在脚本策划、画面内容、故事设计、时间设计和台词设计等方面提供宝贵的建议，帮助我们创作品质更高、更精彩的作品。

8.1 脚本策划：不同类型的视频脚本怎么写

视频脚本策划作为视频制作的重要组成部分，对于视频的质量和效果有着至关重要的影响。不同类型的视频需要不同类型的脚本。GPT 不仅可以根据视频的主题、类型和要求，生成具有针对性的视频脚本，还可以提供视频脚本写作技巧和建议，帮助我们更加轻松地创作出高质量的视频。

一、情景再现

【错误示范】

提问 请为我生成一份家具企业的产品推广视频的脚本。

回答 …………

开场画面：一个宽敞、现代的家居空间，有一家人在一起聚会。

声音：欢快的音乐。

画面：沙发、椅子、茶几和电视柜等家具的近景，随后镜头慢慢推到一个更广阔的视角，展示整个客厅和餐厅。

声音：家具是家居搭配中必不可少的元素，它们不仅让我们的生活更加舒适，也是我们个人品位和生活方式的体现。

画面：进入工厂，展示家具的生产流程，包括设计、材料选取、加工制造，以及严格的品质控制。

声音：我们深知高品质的家具是您家居生活的基石，因此，我们以创新的设计理念和精湛的生产工艺，为您打造出优质的家具产品。

【正确示范】

提问 我要为一个家具行业的企业制作一部3分钟的产品推广视频,目标受众是25～45岁的家庭主妇,请帮我生成一份视频脚本。

回答 ⋯⋯⋯⋯

标题:打造温馨家居空间,让家成为您的最爱

时长:3分钟。

目标受众:25～45岁的家庭主妇。

背景音乐:轻松、愉快的旋律。

镜头1时长:00:00—00:05

画面:阳光明媚的清晨,鸟儿在树枝上欢唱。

旁白:每一个清晨,都是一个家新的开始。

镜头2时长:00:06—00:20

画面:镜头推进到温馨的客厅,展示家具产品,如时尚沙发、实用茶几等。

旁白:在这个家,每一件家具都充满了爱与关怀,我们的使命是为您的家创造温馨舒适的氛围。

镜头3时长:00:21—00:40

画面:镜头转向厨房,展示厨房家具,如橱柜、餐桌、吊柜等。

旁白:在这个家,烹饪美食不再是一件烦琐的事,我们的厨房家具将烹饪变成了一种享受。

与错误示范相比，正确示范中的提问加入了视频的时长和目标受众，从而使 GPT 生成了更贴合用户需求的答案。

二、实用方法

我们在用 GPT 生成视频脚本时，可以参考如下步骤。

（1）**明确需求**：确定具体需要撰写的视频脚本类型，如宣传片、产品介绍、教程等。

（2）**提供关键信息**：向 GPT 提供详细的信息，包括行业、视频时长、目标受众等。

（3）**结构性指导**：向 GPT 提供视频脚本的结构要求，如需包含开场、正文、结尾等部分。

（4）**确定风格**：告知 GPT 我们期望的语言风格，如正式、幽默等。

三、常见模板

实际应用中，我们可以结合视频脚本的不同应用场景，向 GPT 提出需求或问题，常见的各类场景、句式、关键词模板如下。

场景 1：制作企业宣传片

句式："请为行业的企业制作一份宣传片脚本，宣传片时长为时长，目标受众是目标受众。"

场景 2：制作产品介绍视频

句式："我想为产品名称制作一部产品介绍视频，视频时长为时长，目标受众是目标受众，请帮我生成脚本。"

场景3：制作教程视频

句式："请帮我生成一份关于技能/行业的教程视频脚本，视频时长为时长，目标受众是目标受众。"

场景4：制作访谈视频

句式："请为我提供一份关于主题的访谈节目脚本，访谈节目时长为时长，采访对象是采访对象。"

场景5：制作广告视频

句式："请为品牌名称制作一份广告视频脚本，视频时长为时长，广告主题是主题，目标受众是目标受众。"

场景6：制作活动宣传视频

句式："请为活动名称制作一份活动宣传视频脚本，视频时长为时长，活动主题是主题，目标受众是目标受众。"

场景7：制作公益宣传片

句式："请为公益主题制作一份公益宣传片脚本，宣传片时长为时长，目标受众是目标受众。"

场景8：制作纪录片

句式："请帮我生成一份关于主题的纪录片脚本，纪录片时长为时长，目标受众是目标受众。"

场景9：制作招聘视频

句式："请为公司名称制作一份招聘视频脚本，视频时长为时长，目标受众是目标受众。"

场景10：制作内部培训视频

句式："请为公司名称制作一份内部培训视频脚本，视频时长为时长，培训主题是主题，目标受众是目标受众。"

四、注意事项

我们在应用 GPT 生成视频脚本时，要注意如下 3 点。

（1）**关注细节**：在向 GPT 提需求或问题时要关注细节，例如行业术语、目标受众喜好等。

（2）**语言风格**：针对不同行业和不同目标受众，要使用合适的语言和风格，避免使用不恰当的词语和表达方式。

（3）**知识产权**：注意保护知识产权，避免抄袭他人的作品。

8.2 画面设计：贴近主题的画面可以这样设计

良好的画面设计不仅能提升视频的质量和观赏性，还能更好地传达主题和情感。GPT 可以根据视频的主题、情感和目标受众，生成具有针对性的画面设计方案，提供画面设计技巧和建议，让观众更好地理解和感受视频传达的主题和情感。

一、情景再现

【错误示范】

提问 我想制作一部环保类视频，请给我一些关于画面内容的建议。

回答 制作环保类视频可以从如下方面考虑。

1. 生态系统：拍摄大自然的美景……

2. 垃圾分类：拍摄人们在日常生活中进行垃圾分类和回收的情况……

3. 节能减排：拍摄人们在家庭、学校、办公室等场所中节能减排的情况……

4. 可再生能源：拍摄可再生能源的利用情况……

5. 社会活动：拍摄一些社会活动……

6. 低碳出行：拍摄一些低碳出行的方式……

【正确示范】

提问　请为我提供一份关于环保主题的宣传片画面内容策略，宣传片时长为 3 分钟，目标受众为青少年。画面内容中不要出现动画片。

回答 …………

画面 1 时长：0:00—0:10

开场画面，镜头缓慢推进，清晨的阳光照射在郁郁葱葱的森林里，鸟儿在欢快地歌唱。

画面 2 时长：0:11—0:25

镜头切换至一个繁忙的城市，一些青少年骑着自行车，展示低碳出行的方式。

画面 3 时长：0:26—0:40

镜头转向学校，聚焦几名学生在课间利用废旧材料制作环保手工制品，如利用废纸做笔筒、废塑料瓶制作花瓶等。

…………

正确示范中的提问明确了视频主题、类型、时长、目标受众和要求，因此 GPT 给出了具体的、有针对性的画面内容策略。

二、实用方法

我们在用 GPT 生成画面内容策略时，可以参考如下步骤。

（1）**确定类型**：首先确定视频的类型，例如宣传片、纪录片、教学视频等。

（2）**明确目标受众**：明确目标受众，以便生成符合目标受众特点的画面内容策略。

（3）**设定时长**：根据视频时长，合理安排画面内容，避免内容过于拖沓或紧凑。

（4）**提供关键信息**：提供与视频主题相关的关键信息，如地点、人物、事件等，以便 GPT 生成具体的画面内容策略。

三、常见模板

实际应用中，我们可以结合视频画面内容的不同应用场景，向 GPT 提出需求或问题，常见的各类场景、句式、关键词模板如下。

场景 1：制作短视频

句式："请为主题制作短视频画面内容策略，短视频时长为时长，期望得到效果，要求是信息，目标受众是目标受众。"

场景 2：制作教学视频

句式："请为课程名称制作教学视频画面内容策略，视频时长为时长，目标受众是目标受众。"

场景 3：制作纪录片

句式："请为主题制作纪录片画面内容策略，纪录片时长为时长，目标受众是目标受众。"

场景 4：制作企业宣传片

句式："请为公司名称制作企业宣传片画面内容策略，宣传片时长为时长，这是企业简介，目标受众是目标受众。"

场景 5：制作产品推广视频

句式："请为产品名称制作产品推广视频画面内容策略，视频时长为时长，目标受众是目标受众。"

场景 6：制作公益广告

句式："请为公益主题制作公益广告画面内容策略，广告时长为时长，目标受众是目标受众。"

场景 7：制作旅游宣传片

句式："请为旅游目的地制作旅游宣传片画面内容策略，宣传片时长为时长，目标受众是目标受众。"

场景 8：制作活动回顾视频

句式："请为活动名称制作活动回顾视频画面内容策略，视频时长为时长，目标受众是目标受众。"

场景 9：制作访谈节目

句式："请为访谈主题制作访谈节目画面内容策略，节目时长为时长，目标受众是目标受众。"

四、注意事项

我们在应用 GPT 生成画面内容策略时，要注意如下 3 点。

（1）视频类型和风格：应确保画面内容与视频类型和风格相符，避免出现不协调的画面内容。

（2）文化差异：注意考虑目标受众的文化差异，避免产生文化冲突。

（3）版权问题：在引用图片、音乐等素材时，一定要注意版权问题，避免侵犯他人权益。

8.3 故事设计：借 GPT 生成有起承转合的故事

GPT 不仅可以根据主题、情节和要求，生成具有针对性的故事框架以及故事的开头、发展和结尾等各方面内容，为故事设计扣人心弦的情节、丰富的人物形象，还可以提供叙事技巧，帮助我们更加便捷地创作出更有价值的故事。

一、情景再现

【错误示范】

提问 请帮我设计一个关于环保的故事。

回答 故事名称：小镇环保计划。

杰夫是这个小镇上的一位年轻人，他非常关注环保问题，经常通过组织社区活动来提高当地居民的环保意识。这一天，他在社区活动中心组织了一次环保讲座，邀请了许多人参加。

············

通过这次环保活动，小镇的居民们开始意识到他们的生活习惯对环境产生了什么样的影响，以及他们可以采取什么行动来保护环境。小镇也因此成了环境保护方面的典范，吸引了更多的人关注和参与环保行动。

【正确示范】

提问 请为一部关于环保的15分钟纪录片制作一个有起承转合、有冲突、有对话的故事，目标受众为年轻人。

回答 在一座被严重污染的城市，一群年轻人为了环保发起了一场倡议活动。他们不畏艰难，试图唤醒社会对环保的重视……

标题：地球的呼声。

时长：15分钟。

目标受众：年轻人。

梗概：一位名叫小杨的年轻人发现了一条来自地球的神秘信息。他与一位环保专家、一位企业家以及一位政府官员展开了一场关于环保和可持续发展的对话。

镜头1：夜晚，小杨在屋子里用计算机阅读资讯。他突然看到一条信息，标题为"地球的呼声"。

小杨（自言自语）：什么是地球的呼声？这是什么意思？

镜头2：第二天，小杨去图书馆查找关于环保的资料。他偶遇了一位环保专家——林教授。

小杨：您好，林教授。我昨晚收到一条关于地球的呼声的神秘信息，这是什么意思？

林教授：地球的呼声是指我们的地球需要我们关注环保，采取行动保护生态环境……

正确示范提供了具体的视频主题和类型、目标受众等关键信息，使 GPT 能够生成满足用户需求的故事。

二、实用方法

我们在用 GPT 进行故事设计时，可以参考如下步骤。

（1）明确需求：确定具体需要生成的视频类型。

（2）设定结构：为故事设置起承转合的结构，明确每个部分的内容和作用。

（3）描述冲突：描述故事的冲突点，使故事更具戏剧性和吸引力。

（4）创造对话：在故事中加入对话，使角色形象更加丰满，情感表达更加充沛。

三、常见模板

实际应用中，我们可以结合视频故事的不同应用场景，向 GPT 提出需求或问题，常见的各类场景、句式、关键词模板如下。

场景 1：设计短视频故事

句式："请为平台名称设计一个关于主题的短视频故事，短视频时长为时长，故事中要包含具体要求，目标受众是目标受众。"

场景 2：设计电影故事

句式："请为电影类型的电影设计一个故事，电影时长为时长，故事主题为主题，目标受众是目标受众。"

场景3：设计广告故事

句式："请为产品名称设计一个广告故事，广告时长为时长，故事主题为主题，目标受众是目标受众。"

场景4：设计微电影故事

句式："请为关于主题的微电影设计一个故事，微电影时长为时长，故事内容要有起承转合、冲突、对话，目标受众是目标受众。"

四、注意事项

我们在应用GPT做故事设计时，要注意如下4点。

（1）**注意时长与内容匹配**：根据视频时长来调整故事的内容，保证在限定时间内讲述完整的故事。

（2）**确保故事符合目标受众的需求**：在设计视频故事时，要考虑目标受众的喜好和需求，确保故事内容能够引起他们的兴趣。

（3）**不要过分依赖模板**：虽然GPT可以提供常见模板，但艺术是没有定式的，我们还应根据实际需求对GPT提供的内容进行调整，发挥创意，策划出更符合自身需求的故事。

（4）**保持创意和独特性**：避免一味地模仿他人作品，避免出现侵权、违规等问题。

8.4　时间设计：用GPT控制视频时间节奏

对视频中不同画面做时间节奏设计不仅能提升视频的质量和观赏性，还能更好地传递情感。GPT可以根据用户输入的剧情、场景和目标观众，生成具有针对性的视频时间节奏设计方案，让观众更好地理解和感受视频所传达的主题和情感。

一、情景再现

【错误示范】

提问　设计视频脚本时，该如何合理安排时间？

回答　设计视频脚本时，应从以下几个方面来合理安排时间。

1. 明确视频时长：……

2. 分割内容模块：……

3. 平衡信息密度：……

4. 考虑节奏和动态：……

5. 预留时间给互动环节：……

6. 试运行和调整：……

【正确示范】

提问　我想制作一部时长为 5 分钟的产品介绍视频，目标受众是潜在客户，我该如何控制视频时间节奏？

回答　以下是一个简化的视频时间节奏设计方案。

0:00—0:30：视频开头，展示公司 Logo 和产品名称……

0:31—1:30：介绍产品特点和功能……

1:31—3:00：详细阐述产品如何解决潜在客户的问题……

3:01—4:00：展示客户评价和案例，提升潜在客户对产品的信任度……

4:01—4:30：总结产品优势，强调产品的核心卖点……

4:31—5:00:展示联系方式……

正确示范中的提问明确了视频时长、目标受众和视频主题,让GPT 生成的答案更能满足用户的需求。

二、实用方法

我们在用 GPT 做时间节奏设计时,可以参考如下步骤。

(1)明确需求:确定视频类型,如产品介绍、教程、企业宣传等。

(2)设定时长:根据视频类型和目标受众,设定合适的视频时长。

(3)规划节奏:根据视频时长和内容,合理安排各部分的时长。

(4)明确重点:突出视频的核心内容,确保观众关注重点。

三、常见模板

我们可以结合视频时间节奏的不同应用场景,向 GPT 提出需求或问题,常见的各类场景、句式、关键词模板如下。

场景 1:创意视频

句式:请为我提供一份适合短视频平台的创意视频脚本和视频时间节奏设计方案,视频主题是主题,时长为时长。

场景 2:产品介绍视频

句式:"请为我生成一份时长为时长的产品名称介绍视频的时间节奏设计方案,目标受众是目标受众,产品的主要功能和优点有功能 / 优点。"

场景 3: 教程视频

句式: "我需要制作一部关于主题的教程视频, 视频时长为时长, 请为我提供一个合适的视频时间节奏设计方案。"

场景 4: 企业宣传片

句式: "请帮我设计一份公司名称的宣传片脚本, 要包含时间节奏设计方案, 宣传片时长为时长, 重点突出宣传重点。"

场景 5: 活动宣传视频

句式: "我想制作一部关于活动名称的宣传视频, 视频时长为时长, 请为我设计一个贴近主题的视频时间节奏设计方案。"

场景 6: 影评 / 游戏评测视频

句式: 我想制作一部关于影片 / 游戏名称的评测视频, 视频时长为时长, 请为我生成一个视频时间节奏设计方案。

场景 7: 旅游攻略视频

句式: 请帮我设计一份关于目的地的旅游攻略视频脚本, 要包含时间节奏设计方案, 重点介绍旅游景点 / 活动, 视频时长为时长。

场景 8: 拆解 / 安装教程视频

句式: 我想制作一部关于产品名称的拆解 / 安装教程视频, 视频时长为时长, 请为我生成一个贴近主题的视频时间节奏设计方案。

场景 9: 访谈节目

句式: 我想制作一个访谈节目, 嘉宾是嘉宾名称, 时长为时长, 请为我生成一个贴近主题的视频时间节奏设计方案。

四、注意事项

我们在应用 GPT 做视频时间节奏设计时，要注意如下 3 点。

（1）**注意连贯性和逻辑性**：要保持视频内容的连贯性和逻辑性。

（2）**音效或特效**：适当运用音效或特效，优化视频的视听效果，但要避免过度使用，以免影响观众对视频内容的理解；同时要注意获取相关版权。

（3）**创意元素**：在不同时间节奏的画面内容中适当运用创意元素，提升观众的观看体验。

8.5 台词设计：靠 GPT 生成有戏剧张力的对话

一般来说，要在视频中设计出有戏剧张力的对话，作者需要深入思考和具备一定的创作经验。GPT 可以根据输入的角色、情境等，在一定程度上生成符合情节需要的对话，让角色形象更丰满，让情节更有戏剧张力，让视频内容更精彩。

一、情景再现

【错误示范】

提问　请帮我写一段父亲教育孩子的台词。

回答　孩子，我想告诉你一些重要的事情。首先，我希望你知道，做人最重要的是要诚实守信……其次，要懂得感恩和尊重他人……再次，要有责任心……最后，要学会坚持不懈……我希望你能够成为一个品德高尚、有责任感、勇于面对挑战的人，相信你一定可以做到。

【正确示范】

提问 请帮我写一些关于家庭剧的人物台词，主要角色为父亲和孩子，父亲性格严肃，易怒。孩子比较调皮。这位父亲因为孩子平时贪玩荒废了学业，正在批评孩子，情绪比较激动，台词要体现出父亲对孩子学习的担忧。

回答 父亲（严肃地坐下，对孩子说）："你看看你，成天贪玩，荒废了学业，你知道你这样下去会有什么后果吗？"

孩子（有些不耐烦）："爸爸，我知道。我以后会努力学习的。"

父亲（激动地拍桌子）："努力学习？你知道你现在已经落后别人多少了吗？"

孩子（委屈地低头）："我真的会改的。"

…………

父亲（深深叹息）："我希望你真的能明白我的苦心。现在就去安排好你的学习计划，不要再让我担心了。"

孩子（坚定地回应）："爸爸，我会让你放心的。"

在正确示范中，用户提供了详细的信息，使GPT能够准确生成符合用户需求的人物台词。

二、实用方法

我们在用GPT做设计台词时，可以参考如下步骤。

（1）**明确需求**：确定视频类型（如家庭剧、科幻片等）、人物性格（如严肃、幽默等）和人物情绪（如激动、悲伤等）。

（2）**考虑人物特点**：根据人物性格、人物情绪和视频主题，设计符合人物特点的台词。

（3）**考虑情节**：结合视频情节，让台词自然地融入剧情，增强情感表达。

（4）**注重逻辑**：确保台词的逻辑连贯，避免出现前后矛盾的情况。

（5）**融入情感**：在台词中融入情感因素，使人物的情感更加丰富。

三、常见模板

我们可以结合台词的不同应用场景，向 GPT 提出需求或问题，常见的各类场景、句式、关键词模板如下。

场景 1：生成家庭剧人物台词

句式："请为角色生成一段关于视频主题的台词，角色性格为性格，需体现角色情绪为情绪。"

场景 2：生成科幻片人物台词

句式："故事发生在科幻背景下，请为角色生成一段关于视频主题的台词，角色性格为性格，需体现角色情绪为情绪。"

场景 3：生成喜剧片人物台词

句式："请为角色生成一段关于视频主题的台词，角色性格为性格，需体现角色情绪为情绪。台词需要具有幽默元素。"

场景 4：生成动作片人物台词

句式："这是一部动作片，角色正在动作场景下，请为角色生成一段关于视频主题的台词，角色性格为性格，需体现角色情绪为情绪。"

场景5：生成悬疑片人物台词

句式："这是一部悬疑片，角色正在悬疑背景下，请为角色生成一段关于视频主题的台词，角色性格为性格，需体现角色情绪为情绪。"

场景6：生成历史剧人物台词

句式："这是一部历史剧，角色正在历史背景下，请为角色生成一段关于视频主题的台词，角色性格为性格，需体现角色情绪为情绪。"

场景7：生成纪录片人物台词

句式："这是一部纪录片，角色正在背景下，请为角色生成一段关于视频主题的台词，角色性格为性格，需体现角色情绪为情绪。"

场景8：生成动画片人物台词

句式："这是一部动画片，角色正在背景下，请为角色生成一段关于视频主题的台词，角色性格为性格，需体现角色情绪为情绪。"

四、注意事项

我们在应用 GPT 做台词设计时，要注意如下 3 点。

（1）注意语言风格：根据不同的视频类型，注意调整台词的语言风格，如家庭剧中的台词通常较为亲切。

（2）考虑地域文化差异：尽量使用符合当地语境的表达方式。

（3）遵守法律法规：务必遵守关于版权的法律法规，确保所生成的内容不侵犯他人的权益。

第 9 章
GPT 成为生活工作智囊

日常生活中，各种问题和困境时常困扰着我们。有时候，我们需要一位智囊给我们建议、启发和指导。GPT 恰好可以扮演这个角色。GPT 既可以作为工作助手，又可以成为生活智囊，为我们解决工作难题，激发我们的创意，为我们的生活增添色彩，提升我们的生活品质。

9.1 兴趣推荐：让 GPT 为生活增添色彩

拥有健康的兴趣爱好可以帮助我们更好地放松身心。可是在快节奏的现代社会，我们往往会因为繁忙的工作和生活失去发展兴趣爱好的动力。GPT 可以为我们提供关于兴趣爱好的建议，更快、更准确地推荐符合我们兴趣的内容，让我们的生活变得丰富多彩，提升我们的生活质量和幸福感。

一、情景再现

【错误示范】

提问　请给我推荐一本好书。

回答　书名：《人性的弱点》。作者：戴尔·卡耐基。

这本书是一本经典的人际关系指南，以科学的方法探讨了人类的行为模式、情感表达和互动方式……

希望这本书能给你带来新的思考和启示。

【正确示范】

提问　我喜欢科幻小说，尤其是关于太空探险和时间旅行的，请推荐一本适合我的好书。

回答　根据您的兴趣，我推荐您阅读《三体》。这是一部中国科幻小说，作者是刘慈欣。小说讲述了地球文明与三体文明的故事，包括太空探险和时间旅行等元素……

正确示范中的提问表明了用户的兴趣和偏好，因此 GPT 能够给出更加贴近提问者需求的答案。

二、实用方法

我们在用 GPT 获取兴趣推荐时，可以参考如下步骤。

（1）**明确需求**：在向 GPT 提问时，需要明确自己的兴趣和偏好，提供足够的信息以便得到个性化的推荐。

（2）**具体描述**：尽量使用具体的描述，避免使用含义模糊不清的词语。

（3）**指定范围**：明确要求 GPT 在某个领域或范围内给出推荐，这样可以得到更为精准的答案。

（4）**设定限制**：设置一定的限制条件，如时间、地域等，这样有助于获得更加符合自己需求的推荐。

三、常见模板

实际应用中，我们可以结合不同生活场景下的兴趣推荐需求，向 GPT 提出需求或问题，常见的各类场景、句式、关键词模板如下。

场景 1：查找适合自己的书籍 / 文章

句式："我对主题感兴趣，尤其是细分领域方面的内容，请推荐一些适合我的书籍 / 文章。"

场景 2：寻找合适的电影 / 电视剧

句式："我喜欢类型的电影 / 电视剧，特别喜欢导演 / 演员的作品，请给我推荐一部近期上映 / 播出的作品。"

场景 3：获取音乐推荐

句式："我喜欢音乐风格，最近想听一些语种的新歌，请给我推荐几首。"

场景 4：获取旅游景点推荐

句式："我计划在时间去目的地旅游，请推荐一些当地有趣的景点。"

场景 5：寻找合适的教程 / 课程

句式："我想学习技能，请推荐一些适合初学者的线上 / 线下教程 / 课程。"

场景 6：寻找美食

句式："我喜欢口味的菜肴，请推荐一些地区的特色美食。"

场景 7：获取运动项目推荐

句式："我想进行目标的锻炼，请推荐一些适合我的运动项目。"

场景 8：寻找工具 / 应用程序

句式："我需要一个功能的工具 / 应用程序来解决问题，请给我推荐。"

场景 9：获取产品推荐

句式："我想购买一款产品类型，要求功能 / 特点，请推荐几款适合我的产品。"

四、注意事项

我们在应用 GPT 获取兴趣推荐时，要注意如下 2 点。

（1）避免宽泛：避免使用过于宽泛的词语和描述，否则可能导致 GPT 给出不符合个人需求的答案。

（2）**避免依赖**：GPT 虽然可以提供个性化的推荐，但它仅仅是一个人工智能助手，因而它给出的答案可能不总是完全符合我们的期望。我们可以结合个人需求和判断对 GPT 提供的方案进行筛选。

9.2　旅行攻略：借 GPT 提升旅行体验

制订一份全面而准确的旅行攻略需要花费很多时间和精力。GPT 不仅可以帮助我们快速获取相关的旅行攻略信息，还可以提供旅行攻略制订技巧和建议，更快、更准确地生成相关的旅行攻略，让我们更加便捷地规划自己的行程，让旅行变得更加愉快和充实。

一、情景再现

【错误示范】

提问　请为我提供一份关于上海的旅行攻略。

回答　上海是中国最国际化和现代化的城市之一，拥有丰富的城市景观。以下是一份关于上海的旅行攻略。

1.游览上海的标志性景点：东方明珠、上海城市规划展示馆、外滩、豫园、城隍庙……

2.品尝上海的美食：上海有许多特色美食，比如小笼包、生煎包、蟹黄汤包……

3.购物：上海有许多购物场所，如南京路步行街、淮海路、陆家嘴……

4.体验上海的艺术和文化氛围：上海是中国的文化中心之一，有许多艺术和文化活动场所，如上海博物馆、上海大剧院、上海文化广场……

5.欣赏上海的夜景：上海是一个夜色迷人的城市，您可以到外滩、东方明珠、陆家嘴等地欣赏上海的夜景……

6.游览周边景点：上海周边有许多著名的旅游景点，如苏州、杭州……

【正确示范】

提问　请为我提供一份为期5天的上海旅行攻略，预算在8000元以内。我比较喜欢历史文化和美食。

回答　基于您的偏好，我为您提供的为期5天的上海旅行攻略如下。

请注意，预算（8000元）包括住宿、交通、景点门票和品尝美食所需的费用。

第1天

上海市区内住宿：每晚约300元。

上海浦东国际机场至市区交通：约50元。

上海博物馆：免费。

南京路步行街：品尝当地小吃，约100元。

外滩：免费。

晚餐：上海菜，约150元。

第2天

住宿：每晚约300元。

豫园和城隍庙：门票合计约 50 元。

城隍庙小吃街：品尝当地美食，约 150 元。

田子坊：免费。

新天地：免费。

晚餐：上海菜，约 150 元。

…………

二、实用方法

我们在用 GPT 制订旅行攻略时，可以参考如下步骤。

（1）**明确需求**：在向 GPT 提问时，尽可能提供详细的旅行目的地、天数、预算和兴趣等信息，以便 GPT 生成符合我们需求的旅行攻略。

（2）**制订行程**：在向 GPT 提问时，尝试引导 GPT 将行程按天划分，以便我们查阅和安排。

（3）**注重实用性**：在向 GPT 提问时，强调实用性，如交通方式、住宿推荐、餐厅建议等，以增加旅行攻略的实用价值。

三、常见模板

实际应用中，我们可以根据对旅行攻略的不同需求，向 GPT 提出相应需求或问题，常见的各类场景、句式、关键词模板如下。

场景 1：了解某景点的信息

句式："请告诉我关于城市名称的景点名称的历史背景、门票价格和游览时间。"

场景 2：餐厅和美食推荐

句式："请推荐目的地的风味 / 类型餐厅和特色美食。"

场景 3：交通建议

句式："从出发地到目的地的最佳交通方式是什么？"

场景 4：住宿推荐

句式："请推荐目的地符合预算要求的酒店或民宿。"

场景 5：景点游览顺序

句式："请为我规划在目的地游览景点 A、景点 B 和景点 C 的最佳顺序。"

场景 6：行程安排

句式："在目的地游玩数字天，每天应该安排参观哪些景点？"

场景 7：旅行预算

句式："在目的地游玩数字天，合理的预算大概是多少？"

场景 8：购物建议

句式："请推荐在目的地购买商品类型的商店或市场。"

场景 9：旅行注意事项

句式："请列出在目的地旅行时需要注意的事项。"

四、注意事项

我们在应用 GPT 制订旅行攻略时，要注意如下 4 点。

（1）**时间安排**：结合自身情况合理安排时间，避免安排过于紧凑的行程而导致参与者过度疲劳，可以在一开始就留出部分自由活动的时间。

（2）**天气状况**：使用GPT生成的旅行攻略时，要关注当地天气和安全状况，确保旅行安全。

（3）**特殊需求**：若有特殊需求，如残障人士旅行、儿童旅行等，可以在提问时注明，以便GPT生成有针对性的旅行攻略。

（4）**法规习俗**：在应用GPT生成旅行攻略时，要注意目的地的实际情况，遵循当地法规和习俗。

9.3 激发灵感：用GPT更新创意思维

创意思维能够在日常生活和工作中发挥重要作用。GPT不仅可以帮助我们更加高效地激发灵感和更新创意思维，还可以提供一些技巧和建议，让我们更快、更准确地生成具有针对性的创意思维方案，提高我们在生活和工作中的创造力和创新力。

一、情景再现

【错误示范】

提问 我想锻炼自己的创新思维，请帮我想一些方法。

回答 创新思维是一个很宽泛的概念，能否提供更具体的信息，例如您希望在哪个领域锻炼创新思维？这将有助于我为您提供更有针对性的建议。

【正确示范】

提问 我想在产品设计领域锻炼自己的创新思维，请为我提供一些可以激发创意和灵感的方法。

回答 在产品设计领域锻炼创新思维，您可以尝试如下方法。

1. 对现有产品进行逆向思考，找出其不足之处并提出改进方案。

2. 学习并应用不同的设计原则和理念，如同构设计、仿生设计等。

3. 结合市场趋势和用户需求，进行战略分析，寻找创新机会。

4. 参加行业活动和交流会，拓宽视野，了解行业最新动态和创新趋势。

5. 多参与团队头脑风暴，与他人分享想法，激发集体智慧。

…………

同样是询问锻炼创新思维的方法，正确示范中的提问设定了更具体的范围（产品设计领域），提出了更具体的需求（提供一些可以激发灵感和更新创意思维的方法），这使得 GPT 能够给出更有针对性的建议。

二、实用方法

我们在用 GPT 激发灵感和更新创意时，可以参考如下步骤。

（1）**明确目标**：确定我们想在哪个领域或场景中提高创新能力，如产品设计、市场营销等。

（2）**收集信息**：通过阅读、网络搜索、参加活动等方式，收集与创新相关的信息。

（3）**尝试创意激发方法**：尝试多种创意激发方法，如头脑风暴、思维导图、逆向思考等。

（4）**筛选创意**：运用 SWOT 分析等方法，评估并筛选出具有潜力的创意。

（5）**实践执行**：将筛选出的创意付诸实践，通过实际操作检验其可行性和价值。

（6）**团队协作**：倡导创新文化，鼓励团队成员积极提出创意，共同推动创新项目的实施。

（7）**项目管理**：采用敏捷开发、瀑布模型等项目管理方法，确保创新项目的顺利推进。

（8）**成果展示**：通过内部分享、行业大会等途径，展示和分享创新成果，提升团队和个人的影响力。

三、常见模板

实际应用中，我们可以根据不同场景下激发灵感的需求，向 GPT 提出需求或问题，常见的各类场景、句式、关键词模板如下。

场景 1：寻找创新方法和技巧

句式："我是具体情况，在领域中，我希望提高创新能力，请为我推荐一些方法和技巧。"

场景 2：收集创意灵感

句式："我是具体情况，我需要在领域中激发创意，能否提供一些相关的灵感来源和素材？"

场景 3：评估和筛选创意

句式："我是具体情况，我有以下创意列表，请帮我分析它们的优劣势和可行性。"

场景 4：实践创新项目

句式："我打算将创意付诸实践，期望达到目标，能给我一些建议和指导吗？"

场景 5：头脑风暴

句式："我们打算组织一场关于主题的头脑风暴，有人数参加，期望达到效果，请给予我组织和引导方面的建议。"

场景 6：学习创新理念

句式："我是具体情况，我想了解创新理念，请为我提供一些相关的学习资料和实例。"

四、注意事项

我们在应用 GPT 激发灵感和更新创意思维时，要注意如下 3 点。

（1）**切勿依赖**：切勿过分依赖 GPT，要结合自身实际情况和经验，进行创新思维的锻炼。

（2）**关注产权**：注意保护知识产权，尊重他人的成果，避免侵权行为。

（3）**模拟实践**：通过模拟实践来检验创意的可行性，在实践过程中要注重评估风险和控制成本。

后记: 做 GPT 的主人

随着人工智能技术的快速发展，我们已经见证了 GPT 等大型语言模型在解决各类问题方面的强大能力。GPT 可以为我们提供学习、工作和生活中种种问题的解答，从而提高我们的生产效率，帮助我们节省宝贵的时间。

回顾历史，我们可以发现技术的进步与人类社会的繁荣是相辅相成的。从长远来看，每一次技术变革，不仅没有导致人类社会工作岗位总量减少，反而带来了新的就业岗位增加和经济增长，我们今天所面临的人工智能技术变革同样如此。我们不应感到恐惧，而应把握时代机遇，学会使用并掌握这些强大的人工智能工具。

为此，我建议做好如下 3 点。

1. 培养编程思维

编程思维有助于我们更好地与 GPT 对话。我们要学会向 GPT 提出明确、具体的需求或问题，使用正确的指令、有效的问题和合理的关键词。只有这样，才能让 GPT 更好地为我们服务。

2. 明确目标方向

GPT 是工具，需要靠人的应用才能创造价值。因此，我们要知道自己想要什么，想做什么。在与 GPT 的互动中，我们要明确自己的需求，制订合理的目标。只有这样，我们才能更好地利用 GPT，提高工作效率。

3. 保持学习意识

工具再强大，人不愿用、不会用也没用。我们要保持探索欲和好奇心，不断学习新知识。时代在变，技术在进步，我们要跟上时代发展的步伐，不断充实自己，以应对未来的挑战。

总之，GPT 是人类生产力和创造力水平不断提高的助推器。GPT 及其背后的人工智能技术的发展，必将给人类带来更多便利和机遇。我们既要相信科技的力量，也要学会利用科技的力量。我们不应做 GPT 的盲目依赖者，沉迷于利用它的力量而不思进取，而要做 GPT 的主人，掌握正确的使用方法和技巧，让 GPT 成为我们在生活与工作中的好助手，帮助我们在各个领域取得更好的成果，走向更加美好的未来！